新・宇宙戦争

ミサイル迎撃から人工衛星攻撃まで

長島 純
Nagashima Jun

PHP新書

はじめに

ある日突然、あなたが運転する車のカーナビゲーションが動かなくなる。ATMからお金が引き出せない。電車が突然停まる。そして、携帯電話もしばらくして通じなくなる。いつもと変わらない日常生活の中で起きる非日常。そんなことが起こったら、もしかすると宇宙戦争の始まりではないかと疑ってみる価値はありそうです。

実際に、もし、アメリカが運用するGPS（グローバル・ポジショニング・システム、測位衛星システム）の機能が停止すれば、カーナビをはじめ位置情報を利用する交通、航空、船舶システムが使えなくなってしまいますが、それだけでは終わりません。

GPSは、距離測定の他に高精度な時刻同期の機能を持ち、多くの機器がこの高精度な時刻を共有して、正常な機能を果たしています。GPS信号が途絶えた数時間後には、正確な時刻を刻むことができなくなり、インターネットや携帯電話などの通信ネットワークは正常に作動しなくなります。実際に、GPSを含むGNSS（グローバル・ナビゲーション・サテライト・システム：全地球航法衛星システム）の高精度な時刻同期に頼らなければ、通信ネットワークもデジタルテレビ放送も機能しなくなり、証券取引所のシステムや電力発電網が制御できなくなる危険性は、様々な機会に指摘されています。我々の重要な社会基盤が破壊され、民生活動が止まってしまうばかりか、もし長期化すれば、社会の治安は混乱し、国民生活の安定や安全が損なわれるかもしれません。地上からはるか遠く離れた宇宙空間で、何らかの攻撃や事故がこれらの衛星システムに起これば、宇宙への依存を深める我々の生活は一変してしまうのです。

アメリカではGPSが運用を停止すると、米国産業界の被害総額は一日あたり10億ドルと見積もられています。[1] それだけの被害が予想されるのは、技術集約型システムとしての宇宙アセット（資産）が、攻撃からの防御を前提としておらず、固有の脆弱性（vulnerability）を有していることが理由として挙げられます。

宇宙空間での戦いを、具体的にイメージすることは難しいかもしれません。直感的に、映画『スター・ウォーズ』における宇宙船同士の激しい戦闘シーンやアニメ「宇宙戦艦ヤマト」が最終兵器である波動砲を発射するシーンなどが頭に浮かびますが、果たして、そのような戦いが宇宙空間で繰り広げられることになるのでしょうか。そもそも、宇宙空間は国際公共財の一つに位置づけられ、本来であれば、誰もが自由にアクセスして、活用できる人類共有の領域であるはずです。事実宇宙には、領域の概念も主権の概念も存在しません。「宇宙条約[2]」では、宇宙空間は全人類に属するもので、すべての国に対して、自由な探査や利用が認められています。

これまで科学技術のフロンティアとして平和的な利活用が図られてきた宇宙空間ですが、近年、経済成長の推進基盤としての利用が急速に進み、新たな資源の獲得を企図する国家や企業の参入によって、宇宙空間は、競合し（Competitive）、混雑し（Congested）、敵対する（Contested）という三つの「C」の特徴を有する領域へと変わりつつあります。[3]

その中で、宇宙空間における自国の排他的権利を主張し、実際にその権利を守るための軍事行動を起こす国の存在が懸念されます。それは、警戒監視や情報通信の分野で宇宙アセットの軍事的重要性が高まることと相まって、宇宙空間を作戦／戦闘領域として考える傾向を助長させています。

このような宇宙空間における脅威となり得る国家の挑戦や危険事象を排除し、平和で安定的な持続可能な空間の状態を回復し維持することが最大の課題です。我々の日常生活を守り、安心して毎日が送れるよう、宇宙攻撃が生起することを抑止し、実際に起きたときは、その攻撃を防衛することが、強く求められる時代になったのです。これからの人類の生存と繁栄の大きな鍵を握る宇宙空間の安定性の回復とその保証、それらをいかにして実現してゆくのか、それが本書の大きな主題になっています。

なお『新・宇宙戦争』というタイトルは、H・G・ウェルズのSF『宇宙戦争』を念頭に置いたものです。その中では宇宙人と人類の戦いが描かれましたが、現在は、人類同士の戦争が宇宙で起きるかもしれないという全く異なるシナリオになりました。この対比を頭の片隅に置きながら、リアルな宇宙戦争が今後どのような展開になっていくのか、本書を通して考えていただければ幸いです。二〇六〇年までに火星に人類を一〇〇万人移住させようとしているイーロン・マスク氏のように。

新・宇宙戦争◎目次

第二章　ロシア・中国の宇宙戦略

第三章

欧米諸国の宇宙戦略

第四章 日本は何をなすべきか

第五章　軍隊が取り組む地球環境問題

第六章　SFプロトタイピングが開く未来

第七章 2049を超えた未来
——SFプロトタイピングの試み

第八章 【特別対談】奥山真司×長島純
総力戦を加速させる未来の戦争

序章

宇宙と未来

宇宙をめぐる大国間の競争

宇宙は、科学技術のフロンティアとして、また経済成長の推進基盤として大きな期待をかけられています。これは、現代社会の宇宙システムへの依存度の高まりを背景としており、米国、日本、インドなどは月宇宙探査計画（アルテミス計画、Artemis Program）への取り組みに着手しています。アルテミス計画とは、NASAが推進している月面探査プログラムのことです。2025年以降に月面に人類を送り、その後、ゲートウェイ（月周回有人拠点、月と火星への中継基地）や月面における新たな拠点を建設して、月で持続的な活動を行なう予定です。

その一方で、宇宙における経済的なリーダーシップを狙う中国はロシアとの協力により、月やシスルナ（地球月圏、cislunar）空間を利用する動きを見せています。[4] そこでは宇宙関連技術の進化と宇宙空間の積極的な活用により、新たな成長資源をいち早く獲得しようという経済上の非軍事競争が始まっているように見えます。

軍事面でも、宇宙関連システムに対しては、物理的な破壊を伴う衛星攻撃兵器（ASAT）などのキネティックな脅威（動的・運動的脅威）に加えて、サイバー攻撃やレーザー妨

ゲートウェイのイメージ（画像提供：ユニフォトプレス）

害など、ノンキネティックな脅威も顕在化していて、宇宙システムの脆弱性の増大に対して一刻も早い対処が求められています。

将来的に、衛星コンステレーション（satellite constellation：小型化、多数化した衛星が星団化した状態。コンステレーションは星座の意味）によって、宇宙を経由するデータ通信量が増大及び高速化することで、衛星利用の飛躍的増大が予想されています。特に、低軌道上では新規宇宙ビジネス参入に伴って新たな低価格の小型衛星のコンステレーションが増えることは間違いなく、宇宙の「混雑化」は今後さらに深刻化していくでしょう。既に2万個を超えるスペースデブリ（space debris：衛星の軌道上にある不要な人工物体）が増加し続けているの

スペースデブリの増加状況

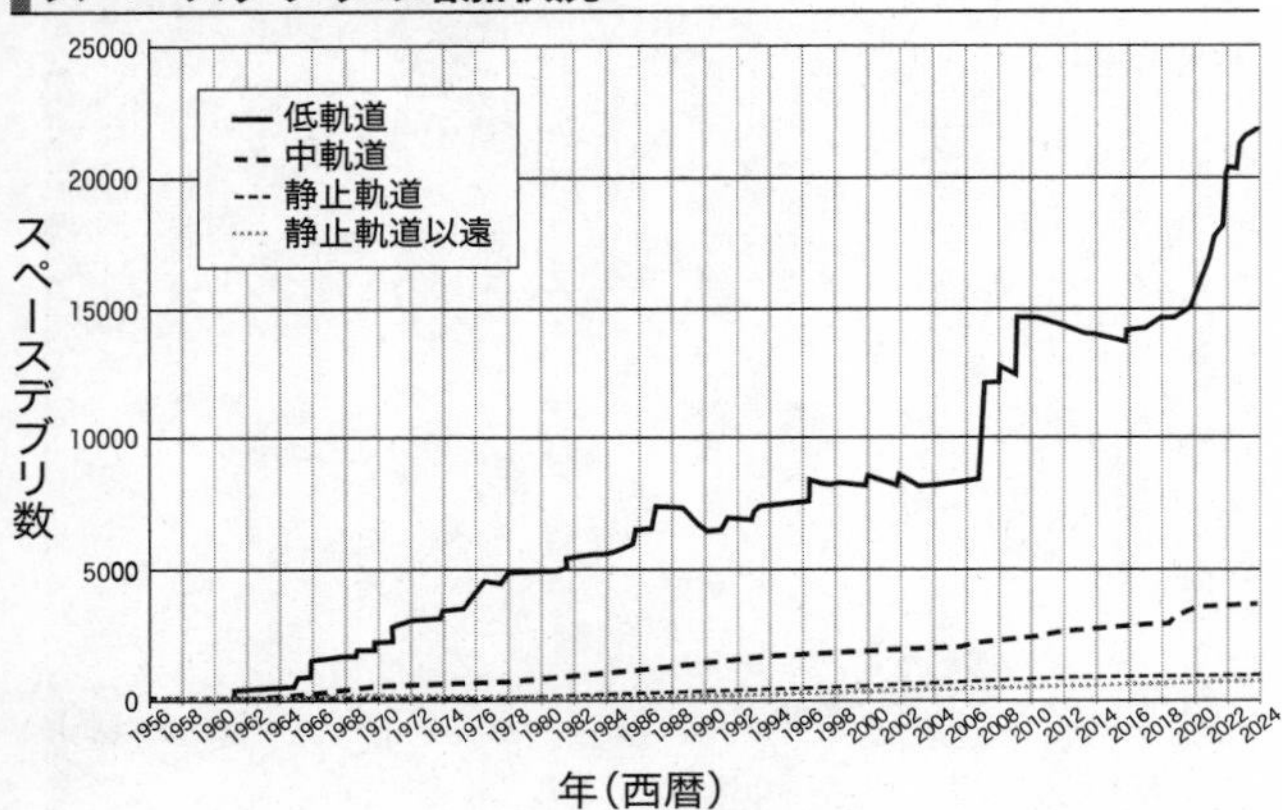

U.S.Space Surveillance Networkの資料を基に筆者作成

で、宇宙の混雑化によってスペースデブリの増加に拍車がかかることは避けなければなりません。

宇宙の重要性がますます高まる中、軍事的脅威の排除やスペースデブリの除去を急ぐと共に、次世代情報通信技術（ＩＣＴ）や量子暗号（量子力学を応用した技術により盗聴を必ず探知でき、通信の秘密を守ることができる暗号。将来どれほど計算機が発達しても原理的に解読できないとされます）などの最新先端技術を積極的に導入することにより、重要インフラとしての宇宙システムの脆弱性を低減し、そのレジリエンス（回復力：resilience）を増大させることが宇宙における優位性を獲得する上での喫緊の課題となっています。

環境問題解決の選択肢としての宇宙

果てしなく広がる宇宙は、老若男女を問わず、多くの人々にとって子供時代からの夢でもあり、希望でもありました。それは、その存在がはるか遠く、神秘で、手の届かない場所だったからでしょうか。

今では、技術の進化と人類のあくなき挑戦によって、宇宙は身近な存在になりつつあり、放送、気象、鉄道、測量など、我々の生活は、GPSなどの宇宙アセットに大きく依存するようになりました。宇宙旅行や宇宙探検までが、憧れの対象から、一般的な人々の手の届くところにまで近づきつつあります。

その一方で、人類が、実際の宇宙空間を目指す究極の目的は、地球という限られた生存空間の可能性に見切りをつけ、エネルギーや新たな生活空間を求める挑戦になるかもしれません。例えば、人間の活動を由来とする気候変動の影響が及ぼす水、エネルギー、食糧をめぐる社会不安、地球上の有限な資源を求めての国家や地域間の対立など、根本的な解決が急務であるにもかかわらず、国家や人々の様々な思惑によって、遅々として改善されない状況に対して、人類は新たな生存のフロンティアを宇宙に求める可能性があるのです。[6]

一つだけ確実なことは、国連気候変動枠組条約第27回締約国会議（ＣＯＰ27）において、アントニオ・グテーレス国連事務総長が「人類は気候地獄（climate hell）というハイウェイを猛進している」と警告したように、気候変動の影響の深刻化を止めるために残された時間はそれほどないということです。地球上で生き抜くための取り組みを加速させるのか、それとも地球外での生存の可能性に懸けるのか、人類は二者択一を迫られているかのようです。

そのような不確実、不透明な時代の中で、具体的に我々は何を考え、どう行動すべきなのか。今こそ、誰もが理解し、納得できる形で、進むべき道を示すことが求められています。その一方で、その雲を摑むような状況の中で、前例もない新たな方向に対して、長期的・戦略的な目標を定めるのは並大抵なことではありません。

ＳＦプロトタイピングの導入

その解決策の一つとして、空想科学（ＳＦ）の思考を用いて未来とその影響の試作（プロトタイプ）を作成するという、ＳＦプロトタイピング、バックキャスティング（目標とする未来を設定し、そこから逆算してその未来が実現するための道筋を想定すること）の発想を取り入れることが考えられます。ビジネスの分野では大手企業の間でも導入が進んでいるだけでなく、軍事面でも未来を分析する手法として、米軍をはじめ多くの軍隊での活用が既に始まっています。[7]

日本においても、既存の固定概念や常識にとらわれなければ、SFプロトタイピングは違和感なく受け入れられるでしょう。実際に、「鉄腕アトム」の手塚治虫や「ドラえもん」の藤子・F・不二雄などの類稀（たぐいまれ）な想像力によって、奇想天外な未来図が彼らの漫画の中で展開され、大人も子供も、そこで描かれた未来に魅了されたものです。

そして、そこで示された未来の幾つかは、現実のものになっています。二足歩行ロボット（ASIMO）や糸なし糸電話（携帯電話）など、私たちの生活の中に違和感なく溶け込んでいるものまであります。それらは、一般社会における常識的な理屈や現代の科学的根拠に直接基づくものではなかったかもしれませんが、その幾つかが実際に実現し、経済や社会に浸透していった結果、より安定的で持続的な社会の構築にも役立っていることは、皆さんもご存じの通りです。

筆者は、安全保障に関する仕事に長く関わり、未来へと続く平和と安全を維持するため、死活的な要件とは何であるのか、そして、その要件を満たす行動を選択し、それを後の世代につないでいくには、今何をすればよいのかということを考えてきました。黙々と、これまでの先人たちの努力を継承し、実績を着実に積み上げていくという考えもありましょうが、それでは、時代の加速度的な変化の中では、時間と労力を無駄に費やすばかりで、時代から取り残されるだけです。残念ながら、我々を取り巻く環境が、先進技術の力によって、指数関数的に変化し続けている以上、現状維持を基本とする解決策の模索では対応しきれないのです。

行き着いた答えは、まず急激な変化の流れを先行的に捉え、人類の未来を俯瞰的にプロトタイプし、その過程の中で、現時点で準備すべきことを正確に把握する試みでした。

最初に取り掛かったのは、日本にとって、「最大の隣国」中国の未来でした。今や中国は、日本の同盟国であるアメリカとも対峙する超大国であり、日本の未来を予測する上で、決して看過することが許されない存在であります。強大な軍事力を背景に東シナ海や南シナ海で現状変更の試みを繰り返す中国は、欧米諸国から戦略的な挑戦者と見られており、その国としての成長が続く限りにおいて、世界にとっても、我が国にとっても、その未来は最大の影響要因の一つです。その一方で、未来永劫、この中国の国家としての挑戦と傾向が続くのかは、誰にもわかりません。

2049年の中国の未来を想像する

２０２０年、新型コロナウイルス感染症（ＣＯＶＩＤ－19）への初期対応において、中国は、ドローンやロボット、顔認証、監視ネットワーク、ビッグデータなどの先進技術を、感染地域の封鎖や市民の移動制限に躊躇（ちゅうちょ）なく導入しました。もし、これらがそのまま軍事技術となって戦場に投入されれば、人工知能（ＡＩ）を搭載した監視ドローンが高度な画像認識で敵か味方かを識別し、人が関与しない形で、自律攻撃を行なうことに結び付きかねません。将来的に、いわゆる破壊的な先進技術の兵器化によって、人民解放軍（ＰＬＡ）の戦力上の優越性がもたらされる可能性を示しています。

軍民融合（ＭＣＦ）の中国では、ＡＩやロボットなどの無人化・自律化技術をはじめ、バイオ技術などの民生技術も積極的に軍事アセットの中に導入することは自然の流れです。さらに問題は、中国には独裁体制の強みがあり先進技術を徹底して強制的にも導入し得る一方で、西側諸国では、複雑な政治プロセスや民主主義的な国民世論への配慮があるがゆえに、こうした軍事への技術的転換に後れを取ることが懸念されることです。

様々な思惑が交錯する中、「中国の夢（China's dream）」を実現すると宣言した中国が、建国100年の2049年に、どのような能力と意志を兼ね備えた存在になっているのかは、とても興味があるところです。日本の安全保障にとって、挑戦や脅威なのか、それとも希望なのか。未来の予言者でもない限り、誰も明確な回答を持ち得ないでしょうし、時代の流れの変化の速さと相互依存の高まりの中で、特定の国家の未来を直線的に予想することは、無謀との批判も受けかねません。国家の発展とその成長を線形的（リニア）に捉え、その対象国の未来を短期的な予測の積み上げで判断することは、あまりに硬直的であり、将来の可変要因を切り捨ててしまうおそれがあるからです。

そこで筆者は、物事に大きな変化が起きる「特異点」が生じ得ることを踏まえ、あと30年後に何が起きているのかを柔軟かつ大胆に想像することを通じて、現在、すべきことを導き出すというSFプロトタイピング、バックキャスティングの手法に着目しました（第六章、第七章）。個人的な妄想に過ぎないかもしれませんが、ここではあえて不確かな未来を夢想し、そのイメージを具現化することに一歩を踏み出すのです。それは、未来をシミュレーションし、プロトタイプ化する中で、現時点で最大限できることを考え、日本として保持すべき態勢や能力を導き、未来の変化に柔軟に、的確に対応することです。

そのプロトタイプ化において、失敗と教訓の学習を循環的に繰り返す人間の進化が遅々としたものであるならば、指数関数的に進化を続ける技術の群れが、未来の洞察を精緻化する鍵となるはずです。なぜなら人類は、技術の力を得て、生活の利便性を高め、寿命を伸ばしてきた唯一の生物であり、今後も技術の力に頼りながら、その種としての存続を続けようとするからです。それは本書において、技術の進化に基づくＳＦプロトタイピングを、長期見積もりの手法として重視する理由でもあります。

第一章

戦争の未来

1週間以内に侵略を終わらせたロシア

人類は二度の世界大戦を経て、国連の下で国際平和を誓うことになりましたが、その後も、戦争の恐怖と不安から完全に解放されることはありませんでした。その一方、第二次世界大戦以降、核兵器の登場もあって、大国間の軍事力による戦争を国家間の問題を解決する手段とすることを避けようとする傾向は続きました。第二次世界大戦後、戦争による犠牲者数は、紛争、テロ、内戦などの戦争以外の原因によって発生した数値を下回り続けています。[8]近現代社会の特徴として、グローバルな相互依存に加え、「犠牲者のいない戦争（post heroic warfare）[9]」と言われる軍事的犠牲を積極的に受容し得ない政治・社会環境の中で、直接的な軍事作戦に踏み切ることの政治的リスクが原因として考えられます。

近年、その代わりに、物理的な攻撃（陸海空の軍事力）とサイバー攻撃、欺瞞、妨害行為、偽情報の流布などの非物理的攻撃を組み合わせたハイブリッド戦争への関心が高まっています。その背後には、対象国の情勢を不安定化し、社会全体を脆弱化させた上で、軍事作戦を短期かつ低コストで収束させようという為政者の意図が見えかくれしています。

事実、ハイブリッド戦争によって、ロシア軍は、ジョージア紛争（２００８年）では直接的な戦闘行動を5日という短期間で、またクリミア併合（2014年）でも4日間で事態を終結することに成功しました。[10] 何が起きたかといえば、ジョージア侵攻の際には、ロシアはジョージア国防省などを含む政府機関への大規模なサイバー攻撃を行ない、国内治安を不安定化させる中、戦車や軍用機による電撃的な武力攻撃を仕掛けたのです。また、その後のクリミア併合の際にも、核兵器による威嚇を含む、より高度化されたハイブリッド戦争が繰り広げられました。[11] 今後も、急速な技術の進歩とグローバルな相互依存の進化によって、市民生活にも大きな影響を及ぼすハイブリッド戦争における脅威が速度、規模、強度を増大し続けることは間違いないはずです。

ロシアは2022年2月の軍事侵攻前後、新たなハイブリッド攻撃をウクライナに仕掛けました。ウクライナの政府、金融、防衛、航空部門に対して、大規模なDDoS（分散型サービス拒否）攻撃、破壊的なマルウェア送付、Webサイト改竄などを行なう一方、[12] 2月24日の侵攻当日には、民間衛星通信会社 Viasat 社のKA-SATブロードバンド衛星に対してサイバー攻撃を仕掛け、ウクライナ国内の軍民の通信や電力に対して広範な被害や影響を与えたのです。[13]

さらにロシアは、国際世論を分断させ、ウクライナ国民の士気を下げるために、偽情報の流布、相手の攻撃をでっち上げる偽旗作戦（false flag）、攻撃を正当化するナラティブ（物語り）などの手段を使って、ウクライナや西側諸国の認知領域への攻撃も開始します。

戦場を変える先進技術

今回、米マクサー・テクノロジーズに代表される民間の商用衛星画像、スターリンク・システムのような民間衛星通信インターネットサービス、電波源から判別される電子信号情報やSAR（レーダー）情報が、ウクライナ国内における軍事的な事象や活動を宇宙から可視化することに貢献しました。さらに、スマートフォンなどの情報ディバイスによって、遠く離れた土地や戦場の近くで撮影された画像データは、クラウド上に集積され、包括的に一元処理されることを通じて、インテリジェンスのためのビッグデータの一部となりました。

それは、リモートセンシング衛星の情報が、その他の戦闘に直接関係しないデータと併せて取り込まれ、戦争の推移に大きな影響を及ぼすようになったことを意味します。

特に、光学衛星による高解像度の三次元情報は、時間の経過に伴う変化をイメージ化させることに寄与し、地上部隊や装備品などの移動や活動の実態を正確かつ詳細に把握することを通じて、マルチドメイン（全領域）の戦い、すなわち時間的かつ空間的に境目のない（シームレスな）戦いを遂行する上で、不可欠な要素となっています。光学衛星とは、分解能が非常に高い光学センサーを搭載する衛星のことで、例えば日本も映像を購入している米国のWorldView-4は地上の31センチメートルの物体を識別することが可能だとされています。

軍事的なイノベーションは、平時・有事の別なく、常に最優先課題です。それが敵に対して技術的な優位性を獲得することが、戦いの帰趨（きすう）に大きな影響を与えることは歴史的にも明らかです。例えば、第二次世界大戦で、連合国の中においても、イギリスのレーダー技術に関する技術革新が、連合国側の勝利に決定的な役割を果たしました[14]。

ウクライナ軍は、宇宙システムを利用した砲撃支援システム「GIS Arta」を戦場に投入し、GPSやドローンからのデジタルデータ情報の処理および伝達速度を速めて、ロシア軍に対する反撃の時間を大幅に縮めることにも成功しています。GIS Artaとは、偵察用ドローンや宇宙衛星などから送られた情報によって敵の位置を特定し、どの場所にいかなる砲撃を行なうのが最も効果的かを判断するシステムです。これまで敵の位置を特定してから発射するまでに20分以上かかっていたところ、それが1分程度に短縮したとされています。その攻撃時間の短さのために、戦場のウーバー（Uber）とも呼ばれました。

また、ウクライナで多用されているドローンについても、戦場における独自の改良や改修が重ねられ、ロシア軍に対する攻撃や防御の機能向上が図られています。それは、困難な状況の中でも、軍事的イノベーションを起こし続けるウクライナ軍の戦い続ける力の源泉とも言えましょう。[15]

高まる「スピン・オン」の重要性

そもそも、現在の高度な軍事技術は、技術の指数関数的な進化の流れの中で、民生技術から派生（スピン・オン）することが多く、その境目を区別することにも意味がなくなっているようです。事実中国は、その軍民融合戦略の中で、近年の技術革新の急速な進展による軍事技術と民生技術のボーダレス化を背景として、軍事技術にも応用し得る先進的な民生技術、いわゆるデュアルユース技術に対して多額の投資を行ない、その軍事的な実装化を急いでいます。

西側諸国は、これらの投資が、他の競合国の技術的および運用上の優位性を損ない、自由で開かれた国際秩序を不安定なものにしかねないことに懸念を示していますが、今後、新興・破壊的技術（Emerging and Disruptive Technologies：ＥＤＴｓ）[16]の急速な発展とさらなる進化によって、ハイブリッド戦争を含む各種戦闘の中で、デュアルユース技術を実装化した民間アセットの重要性は一層高まるでしょう。さらに、宇宙空間が軍事的な領域に変化し、民間部門の果たす安全保障面での役割がより大きくなる流れにおいて、宇宙空間におけるデュアルユース技術の積極的な活用が軍事面でも不可欠になることは間違いありません。

例えば、スターリンク・システムのような民間衛星通信インターネットサービスは、サイバー攻撃により既存の通信環境を活用し得ないような場合でも、ウクライナ軍のレジリエンスを高めることに結びつきました。これは、高解像度の汎用技術や大容量・多接続・高速通信を背景とするコンステレーション技術がデュアルユース化して、商用宇宙能力が戦局の帰趨を左右するまでに高度化したことに他なりません。

宇宙に係る先進的な技術を実際の作戦運用に迅速かつシームレスに取り込んでいくことが、軍の作戦にとっても死活的な重要性を持つようになったのです。

未来の戦場――人間のいない戦争

将来、戦闘の概念は根本的に変わると思われます。敵を探し回る自動徘徊型の無人戦闘車両、空母に襲いかかる数万もの小型ドローンの群れ、空中戦の只中にもパイロットに戦い方のアドバイスを行なうバーチャルアシスタント、リアルタイムの情報を元に自律的な攻撃を行なう空対地ミサイル。これらは、一見すると荒唐無稽にも見えますが、人工知能（ＡＩ）を備えるインテリジェントな自律型無人システムやロボットが主役となるような未来の戦場では人間は主役とはならないかもしれません。

それは２０１９年公表の中国国防白書で言及された「智能化戦争（Intelligentized Warfare）」や、米陸軍が公表した「ＳＦ：２０３０－２０５０年の戦争の未来像」で描かれた世界観でもあります。[17]

その戦いの中核となるＡＩは、アルゴリズムとデータによって進化を続けるデジタル・エコシステム（生態系）であり、人間が実証的に使用しながらデータのインプットを繰り返すことによって進化を遂げていきます。そして中国が、ＡＩ技術を智能化戦争に適合させ、米国に対して優位を確保するためには、量子（計算機）、高精度センサー、画像認識システム、超高速ネットワーク、ビッグデータなどのデュアルユースの先端技術が不可欠であり、それらを有機的に組み合わせることを通じて、軍隊を未来に適合させることが不可欠です。

また、米国の高度なシミュレーション技術の重要性は高く、米国で検証や使用が始まっているライブ・バーチャル・コンストラクティブ（ＬＶＣ）に注目が集まっています。ＬＶＣは、実際の装備品などを用いた現実的（Live）訓練、シミュレーターなどによる仮想的

（Virtual）訓練、そしてネットワークやコンピュータの支援に基づく建設的（Constructive）訓練を有機的に統合することを通じて、仮想現実融合空間での戦いを現実のものとします。

さらに、宇宙やサイバー空間の重要性が増大する結果として、デジタルツイン（サイバー空間内に現実空間の環境を再現すること）となった仮想・現実空間で戦争が行なわれ、メタマゲドン――メタバース空間から現実世界へとシームレスに波及する究極の戦争が生じ得る可能性までも視野に入ってきました。それは、戦争の最終形となるかもしれず、人間のいない戦争を前提とした、現在への備えがますます重要になってきました。

認知領域への攻撃

現在、黎明期にある第四次産業革命においては、あらゆるものがインターネットにつながり（ＩｏＴ：Internet of Things、モノのインターネット）、デジタルの世界と物理的な現実世界、さらに人間が融合する環境が整備されつつあります。

このような技術環境の中で、ＡＩが、物理的な実装化にとどまらず、現実空間と融合を深める仮想空間へ、そしてさらには認知空間へと、その応用の領域を広げていくことが懸念されます。例えば、ＡＩによる偽の動画や音声を作り上げるディープフェイクと言われる情報操作手法もその一つであり、今後、先端技術を用いた偽情報の流布も警戒しなければなりません。

米国務省も、2020年5月8日、中国外交部がツイッター（現X）のプラットフォームにAIを使った「ネット水軍」を大量に投入したとして、中国の智能化戦争の中に偽情報攻撃も加わった可能性を指摘しました。2003年以降、中国では、有利な周辺環境など作為するために、「三戦」と言われる輿論戦、心理戦、法律戦を展開しています。

「輿論戦」は自軍を鼓舞するための輿論形成を図るもので、日本の首相の靖国参拝に反対することもその一種です。「心理戦」は敵の抵抗意志を削ぎ、自らの意志を強制するためのもので、2010年の尖閣諸島中国漁船衝突事件におけるレアアースの禁輸などが該当します。「法律戦」は自軍の行動が合法であることを主張し、相手の行動を違法だと非難するもので、一方的な法律を制定して海南省周辺海域からベトナム漁船を法的に排除したことなどが挙げられます。

現在、偽情報などによる認知領域への攻撃は、この三戦をより洗練させ、進化させたものと見られますが、さらにあらゆるディバイスから収集された個人情報や一般情報がビッグデータ化する中で、より精緻で効果的な手段として進化を続けています。近年のデータ駆動型経済においては、ＳＮＳや携帯アプリなどから攻撃対象を含めた幅広い情報が収集されてビッグデータとして蓄積される結果、選択的かつ効率的に、それらのデータを悪用することが懸念されるところです。人間が使用するディバイスから収集されたビッグデータを使い、攻撃者側は攻撃態様、時期などを主体的に決定し、逆にそれらのディバイスに対して偽情報を流すことで、人間の認知領域への攻撃を行なっていることに他なりません。

このような攻撃は、ロシアがクリミア侵攻やジョージアでの作戦において展開したハイブリッド戦争の一形態でもありますが、中国はその手法を研究し、ＡＩ技術をさらに取り入れることによって、より洗練された、効率的な偽情報を発信するシステムを作りつつあるでしょう。

今後、ＩＣＴの進化によって領域間の相互連接性が一層強まる結果、現実空間と仮想空間が融合する環境下において、戦闘領域を横断するシームレスな戦い方が主流となります。先進技術の進化を捉えて、それらの実装化をいかに早く実現し得るかが鍵となります。人間が最終的判断を行なうのは変わらないとしても、作戦の展開の加速化につれて、人間の関与が低下していく可能性があります。

メタバース空間における戦い――メタマゲドン

このように、先進技術の指数的進化によって現実・仮想融合の社会環境が進み、また、コモンズ（共有財）の安全保障についても関心と注目が高まる中、将来的にサイバー空間「メタバース」に対しても、それをコモンズの一つとして捉え、先行的に、安全保障上の影響と対応を検討した上で、具体的な対応を準備する必要があります。

メタバースは、ソーシャルメディア、オンラインゲーム、拡張現実（AR）、仮想現実（VR）、暗号通貨などの多様な要素を含み、ユーザーが仮想的に活動できるデジタル現実と考えられ[18]、新たなサイバー空間の概念を意味します。そこでは、仮想空間における参加者たちが、現実空間では経験できないような体験を共有し得ることが最大の特徴です。

さらに、その仮想空間における持ち物、通貨、サービスなどが現実世界と紐付き、暗号通貨などの利用によってその価値が安全に保障されるかもしれません。その結果、増加する利用者は時間と空間の概念が変化する世界への没入感をより強めていくでしょう。メタバース空間への自由で安全なアクセスと利用の確保が喫緊の課題となる理由です。

現在、このメタバース空間は、特定の複数ＩＴ企業による運用が始まったばかりであり、投機的性格の強い閉鎖的なサイバー空間に過ぎないと見られることから、その将来性についても絶対的な保証はありません。遠くない未来において、技術の進化に伴って公共性の高いサービスがメタバース空間で提供され、ＳＮＳと同様に、市民レベルのコモンズとして急速に利用が進む可能性は高いように考えられます。その流れの中で、メタバースは、ゲームや人的交流のためのプラットフォームのみならず、経済活動の新たな領域として利用が加速する可能性を秘めており、利用者の急増に伴って空間内で犯罪や違法行為が増大する懸念があります。[19]

さらに、空間内の所有権を巡る法的規制が国家レベルで強化される流れの中で、メタバース空間での治安や安全保障上の問題が一層深刻化することも考えられます。ＥＤＴｓによって現実空間と仮想空間の接続性がますます深まる結果として、メタバース空間における秩序維持や危機対処という点で、軍事的関与やプレゼンスが求められる事態にもつながりかねません。

将来的に、メタバース空間を、宇宙、サイバー空間と同様に、軍事的な作戦領域の一部と位置づけ、安全保障面における対応のあり方を模索すべきです。そして今後、メタバース空間における抑止が破綻（はたん）し、メタバース空間から現実空間へと攻撃の影響がシームレスに波及

2010年代半ばに行なわれたメタバース初期の実験、プロジェクト・ブルーシャーク（写真提供：ユニフォトプレス）

していくという「メタマゲドン（Metamageddon）」を想定して、先行的に対応を検討する必要があります。メタマゲドンは、「Metaverse」と「Armageddon（神が悪魔と戦って究極的に勝利をおさめる場所とされる）」を組み合わせた多次元領域融合の戦争を指します。

特に、そこでは、メタバースが依拠するサイバー空間の脆弱性を掌握し、速やかな被害復旧、原状復帰を図るためのレジリエンス能力を蓄えておくことが攻防のポイントになります。将来的に、デジタルツインとして潜在的なデジタル資産を蓄えるメタバースは、一つの国家的な基盤システムにもなる可能性があります。その際、公共財としてのメタバース領域を、あらゆるリスクや脅威から守り、これらを持続的かつ安定的な領域として確保する視座が求められます。それを、一国だけの力で達成することは現実的ではなく、国際的な多国間協調・協力の上に初めてメタバース領域の安全が成り立つことを理解すべきです。

第二章

ロシア・中国の宇宙戦略

1　歴史的経緯

(1)ロシア――最初に人類を宇宙に送った国

本章では、ロシアと中国の宇宙戦略について述べたいと思いますが、まず歴史的経緯を振り返りましょう。

ロシアの前身であるソビエト連邦は、1957年のスプートニク1号によって、最初に人類を宇宙に送りました。旧ソ連崩壊後は、宇宙ステーションの運営、ロケット打ち上げなどの面で、西側諸国とロシアは良好な協力関係を築きながら、民生、軍事、科学技術のあらゆる面で宇宙の主要プレイヤーであり続けました。しかし、2014年のクリミア併合以降、西側諸国との関係が急激に悪化し、2022年、ウクライナ侵攻によって、国際社会では、ロシアの覇権主義的な領土拡張の野望と既存の国際秩序への挑戦に対する警戒が一気に高まり、その宇宙計画も大きな影響を受けることになりました。

歴史的に、ロシアの宇宙計画は軍事利用を中心に進展してきており、関連する技術の多くは、軍事目的のものからスピン・オフ（民事転用）されていったものです。例えば、冷戦期の宇宙ステーションは宇宙兵器のさきがけとして期待され、国際宇宙ステーション（ISS）の打ち上げに使用されているソユーズ・ロケットは、核開発のために製造された大陸間弾道ミサイル（ICBM）用のR－7ロケットから派生されたものです。

今回、ウクライナ侵攻を契機として、ロシアは西側の経済制裁やエネルギー価格の下落に直面し、関係予算がより縮小する中で、軍事的な能力の維持や向上に資源投資を優先しなければならないため、宇宙探査や科学的な宇宙活動の進歩、さらに商業や産業面からの宇宙への取り組みには後れが生じるのは必至です。それはロシアが西側からの制裁、体制の腐敗、高齢化、肥大化という四重苦に苦しむ中[20]、同国の宇宙計画が大きな岐路に立つことを意味しています。

(2)中国――軍民融合による技術革新

中国の宇宙開発は、1956年、毛沢東国家主席が掲げたスローガン「両弾一星」の下、国家的なプロジェクトとして、原子力爆弾（後に水素爆弾）、その運搬手段としてのロケット（「両弾」）と共に、「一星」としての衛星を起点とする取り組みから始まりました。そして1

970年には、中国は、世界で人工衛星を軌道に乗せた5番目の国家となるまでの成長を遂げることになったのです。

中国の宇宙計画の特徴は、対外的には国際的威信の誇示、国内的には愛国心の高揚という点にありますが、その背景には、自国の安全保障環境の変化への適合と現代の戦争の進化への対応を客観的に見据えた現状認識があると思われます。

歴史的に中国人民解放軍（PLA）の作戦構想は、大規模な兵士の動員と総力戦の準備を中心とする陸軍中心的な用兵思想に基づいていました。しかし米国が主導する、ネットワーク化による統合作戦を特徴とする「砂漠の嵐（Operation Desert Storm）」（1991年）や、空軍力が決定的な役割を果たした「同盟の力（Operation Allied Force）」（1999年）を目の当たりにして、党指導部と人民解放軍幹部が受けた衝撃は大きかったと言われています。

その教訓を得た中国は、従来の戦い方からの脱却を図り、陸海空の統合作戦に加えて、宇宙、サイバー、電磁波領域を組み合わせて、広大な戦闘領域で戦うことができる近代的な軍隊への転換を図ることになりました。その過程で中国は、近代的な軍事作戦を行なうために、宇宙を新たな「戦略的高地」と位置づけ、宇宙における軍事的優勢を獲得することが最重要課題の一つとなったのでした。[21]

２０１５年に公表された国防白書「中国の軍事戦略」では、「天空一体」「攻防兼備」の空軍建設が目標として掲げられ、作戦戦術面でも大きな変化が起きています。ＰＬＡは、空力と衛星システムの統合一体化を推進して、人工衛星による支援で軍事作戦の適用範囲を遠方に拡大すること、そして、機動力を用いたダイナミックな戦い方を目指しています。同年12月には、中央軍事委員会の直轄部隊として戦略支援部隊（ＳＳＦ）が新編され、宇宙における戦闘、衛星の打ち上げ、人工衛星の取得と運用の管理など、ＰＬＡを新たな領域から支援する態勢が整備されつつあります。このように、ＰＬＡがサイバー空間だけでなく、宇宙空間における情報の優勢を確保し、宇宙空間を含む統合作戦を実施する準備が着々と進んでいきます。

前述しましたが、中国が高い技術力を必要とする宇宙の軍事利用を加速できる背景には、国家規模で推進する「軍民融合（ＭＣＦ）」戦略の存在が認められます。ＭＣＦは、民生と軍事の技術分野の境界線を意図的に曖昧（あいまい）なものとして、中国の民生部門のイノベーションとリソースを、ＰＬＡの要請に応じて利用できるようにすることを目的としています。このＭＣＦの流れの中で、中国は経済大国と軍事大国を同時に実現することを目指して、商業宇宙分野でも積極的な取り組みを始めています。

2014年、中国政府は商業打ち上げ会社の設立を発表し、さらに技術的な制限の撤廃を解除して、宇宙の商業市場への投資を開始しました。ここから、宇宙産業の振興のみならず、宇宙関連部品のサプライチェーンの面でも、中国の経済の主導性を確保しつつ、国際的な競争力を増大させようという、中国政府の深謀遠慮がうかがわれます。[22]

2 中露接近

現在も、中国とロシアは世界屈指の宇宙大国ですが、これまでの各々の発展の経緯を踏まえれば、将来、この両者の宇宙を通じた関係性は大きく変わっていくと考えられます。

中国は、初期の民生用・商用宇宙計画では、ロシアから中国人宇宙飛行士の訓練や衛星ロケットの打ち上げなどの技術的支援を必要としましたが、国家一丸となって独力での研究開発を続けた結果、宇宙ステーションの建設（2021年）、月や火星の探査（2020年に月探査機嫦娥（じょうが）5号が月面の岩石や土壌を持ち帰り、月面探査車「玉兎（ぎょくと）2号」が稼働中。2020年、火星探査機天問1号の打ち上げ・着陸に成功）、測位衛星システム（GPS）、リモートセンシング、大積載量ロケットの研究、開発、装備化を実現するまでに成長しました。このよう

月面探査機「嫦娥５号」（写真提供：ユニフォトプレス）

な中国の宇宙空間での存在感の増大を見て、西側諸国の宇宙関係者の多くは、中国との宇宙協力に対して大きな期待を抱いたのは間違いありません。

当時公開された、宇宙を舞台にしたハリウッド映画『ゼロ・グラビティ』（２０１３年）や『オデッセイ』（２０１５年）では、ピンチに陥ったアメリカ人宇宙飛行士を中国が助けるというストーリーが好意的に受け止められたのは、その証拠です。

しかし中国が、国内の少数民族への対応を契機に、人権や自由を巡って西側諸国との軋轢を表面化させ、２０１４年のクリミア併合を契機として、急速にロシアと西側諸国との関係が悪化する中で、中露間の宇宙の知財協力が急速に進み始め

中国の宇宙ステーション「天宮」のイメージ(画像提供:ユニフォトプレス)

ました。ロシアから中国に対する宇宙技術の移転規制が徐々に撤廃されることになったのです。特にGPSシステムに関して、ロシアのGLONASSと中国の北斗システムとの補完性を高める動きは、民生分野の協力のみならず、軍事的な偵察や高精度兵器の誘導における相互支援につながっていく可能性が高いと見られます。

そして、2022年2月のウクライナ侵攻直前の首脳会談において確認された「制限のない」パートナーシップをトリガーとして、中露両国の宇宙協力が、月面や深宇宙の探査、衛星システムの協力、宇宙ゴミ(スペースデブリ)の調査などへと拡大していくことは間違いないでしょう。しかしこのように、両国が宇宙協力を排他的かつ相互補完的に強化することは、西側諸国にとって、宇宙空間が競争と対立の領域として二極化して、その状態が固定化することへの懸念を招きます。将来、このような中露を巡る国際情勢の不安定化が、宇宙空間の安定性にも大きな影響を与え、新たな宇宙における冷戦へと結びつくからです。

その一方で、中露両国はお互いを不可逆なパートナーと認め合うものの、制限のない宇宙協力には一定の留保条件がつきそうです。2022年11月、中国は、自前の宇宙ステーション「天宮」を完成させ、実証実験を開始する一方、ロシアは、25年には国際宇宙ステーションから脱退し、自前の宇宙ステーション開発に向かうはずです。将来的に、両国間で宇宙ステーション運用に関する具体的な協力が始まるようにも見えますが、中国は天宮にロシア人宇宙飛行士を迎え入れることには消極的であり、両国の政治、文化、技術面での国益といった目に見えない障壁によって、実現は難しいはずです。

今後中露両国は、お互いの利益を最大限に考慮しつつ、宇宙に関する連携や協力を個別に検討した上で、慎重かつ選択的に実現していくものと思われます。

3　対宇宙（カウンター・スペース）攻撃の可能性

前米統合参謀本部議長マーク・アレクサンダー・ミリー大将は、「将来、軍事大国間で戦争が起こるならば、最初の一撃は宇宙空間かサイバー空間といった新領域で発生する可能性が高い」として、[23]宇宙が主な舞台となる攻撃の可能性に警鐘を鳴らしました。

将来的に、中露両国が、排他的な軍事協力や技術連携を通じて、排他的な宇宙エコシステムを構築しようとするならば、宇宙の安定性と持続可能性を守るために、世界はその試みを阻止しなければなりません。

ここで、宇宙システム（衛星、地上施設、通信リンク）に対して、どのような攻撃の可能性があるのか、具体的に考えてみましょう。

(1)衛星に対する攻撃

敵の衛星に対して、物理的、または非物理的な攻撃を加え、その衛星の機能を喪失させ、あるいは破壊することを目的とするのが、対衛星攻撃です。対衛星攻撃兵器には、直接上昇型、空中発射型、共軌道型、指向性電磁エネルギー（レーザーなど）に基づく地上配備型、衛星妨害（衛星と地上のユーザー間の無線通信を妨害する）型など、様々な形態が存在します。ここでは、それらを個別に説明しましょう。

直接上昇型ミサイルによる衛星攻撃(Direct-Ascent Anti-Satellite:DA-ASAT)

ＤＡ－ＡＳＡＴは、地表から発射されるミサイルによって行なわれる衛星破壊攻撃です。これまでもこの攻撃実験によって、地球低軌道（ＬＥＯ）に数年以上にわたって残留しかねないスペースデブリが発生し、他の平和的な衛星の運用を阻害する危険性がありました。

このような、ＤＡ－ＡＳＡＴミサイル能力は、中国、ロシア、インド、米国が保有しているものの、その危険性から、米国は公式に破壊的なＤＡ－ＡＳＡＴミサイル実験を行なわないことを宣言し[24]、この破壊実験を自主的に一時停止した最初の国となりました。日本も、２０２２年9月13日、政府として同種の実験を実施しないことを決定しています。

世界に大きな衝撃を与えたＤＡ－ＡＳＡＴ攻撃といえば、２００７年1月11日、中国が地上から中距離弾道ミサイルを発射して、運用が停止された気象衛星「風雲1号Ｃ（ＦＹ－１Ｃ）」を破壊し、低軌道上に約３０００にも及ぶスペースデブリを生じさせた事実が挙げられます。この行為は国際社会から、平和な宇宙空間を危険にさらし、同じ軌道上にある一般の衛星にも多くの危害を及ぼす可能性があるとの理由で、厳しく非難されることとなりました。その後中国は、直接的な破壊を伴う実験を控える一方で、２０１０年、２０１３年、２０１４年に非破壊実験を行なっており[25]、依然としてＤＡ－ＡＳＡＴ攻撃の可能性を排除していません。

一方、２０２１年11月15日に、ロシアがＰＬ19「ヌードリ」衛星迎撃ミサイルシステムによって行なったＤＡ－ＡＳＡＴ実験では、実目標となった「COSMOS 1408」から１５００個以上のスペースデブリが低軌道上に発生しました。それ以前の2回の攻撃実験では、模擬目標を使用したものであり、実際にスペースデブリを発生させることはありませんでした。しかしこの実験は、国際宇宙ステーション（ＩＳＳ）に搭乗していたアメリカ人、ドイツ人、ロシア人の乗組員をスペースデブリの危険にさらす暴挙とされ、厳しい批判がロシアに向けられることになったのです。

共軌道(Co-Orbital)攻撃

共軌道ＡＳＡＴは、宇宙空間に配置され、別の衛星などを攻撃するために設計された、事実上の宇宙配備の攻撃兵器です。他の衛星を迎撃し、爆薬や衝突によって破壊する小型で単純な地雷タイプのものから、レーザーや無線周波数妨害を備えた電子攻撃型の衛星、物理的な操作を行なうアームを備えた大型で複雑な衛星攻撃衛星（キラー衛星）まで、様々な種類のものがあります。

中でも、指向性エネルギーを用いるレーザー兵器は、衛星のセンサーを一時的に幻惑させ、衛星構成品を破壊することで、衛星機能を停止させてしまいます。これらの攻撃衛星は、まず軌道上に投入され、その後、攻撃対象の衛星の近くまで接近してから敵対行動を行ないます。このような攻撃手法はランデブー・近接オペレーション（Rendezvous and Proximity Operation：RPO）と呼ばれています。

既に、旧ソ連が、1960年代に共軌道ASATによる攻撃実験を行なっていましたが、現在では、RPOに高い能力を有する中国が、共軌道における技術実証実験を繰り返し行なっています。

その他の非キネティック（動的・運動的）攻撃

高出力マイクロ波（HPM）兵器は、衛星搭載の電子機器を妨害し、その電気回路やプロセンサーを破壊します。2021年の米脅威報告書の中で、中国が低高度衛星の光学センサーを機能喪失させ、破壊させることが可能な地上配備型のレーザー攻撃能力を有していることが指摘されています。[26] さらに、宇宙空間で核兵器を爆発させ、高放射線環境と電磁パルス（EMP）を放出することによって、無差別な衛星被害を生じさせる攻撃形態も考えられます。

これらの攻撃は、短時間に行なわれ、証拠が残りにくいため、その帰属の特定が難しく、攻撃側にとっては費用対効果に優れる攻撃手段となるかもしれません。しかし、宇宙空間での核兵器の使用は、大規模かつ無差別的な影響を引き起こすために、1963年に締結された部分的核実験禁止条約（PTBT、アメリカ・イギリス・ソ連の三国によって締結された大気圏内外と水中の核実験を禁止する国際的な取り決め）により、宇宙空間での核兵器の爆発が禁止されました。そして、1996年9月の国連総会で採択された、地下核実験を含むあらゆる環境における核実験を禁止する包括的核実験禁止条約（CTBT）においても、その禁止が規定されていることから、現在も現実的な攻撃手段にはなりにくいと見られています。

(2) 地上設備に対する攻撃

地上設備に対する攻撃は、衛星地上局や発射施設などの関連施設に対して物理的な攻撃を行ない、施設自体の破壊を企図するものから、サイバー攻撃などの非物理的な攻撃によって、機能喪失を図るものまで、様々な攻撃形態が考えられます。特に、宇宙システムの主要な構成要素であり、衛星からダウンリンクされる情報の中継地点となる地上局が無力化されることは、衛星の指令、統制機能を阻害し、宇宙における衛星運用に重大な事態を招きかねません。

地上設備の攻撃に対する脆弱性が発生する理由としては、宇宙空間が戦闘領域化する以前にシステム設計がなされたものであることや、これらの地上局がコスト管理を優先する民間商用企業などによって運用されていることから、十分なセキュリティ対策が講じられていない可能性が挙げられます。事実、宇宙システムへのサイバー攻撃の多くは、地上局を介した衛星システムへのアクセスを標的としたものです。

宇宙追跡・監視能力の整備を重視する中国は、南米を含む世界各地において宇宙監視インフラである地上局の建設を進めていて、地上施設の物理的な安全確保と共に、サイバー攻撃に対する地上局のセキュリティ対策についても万全を期すものと考えられます。

■宇宙システムへの攻撃

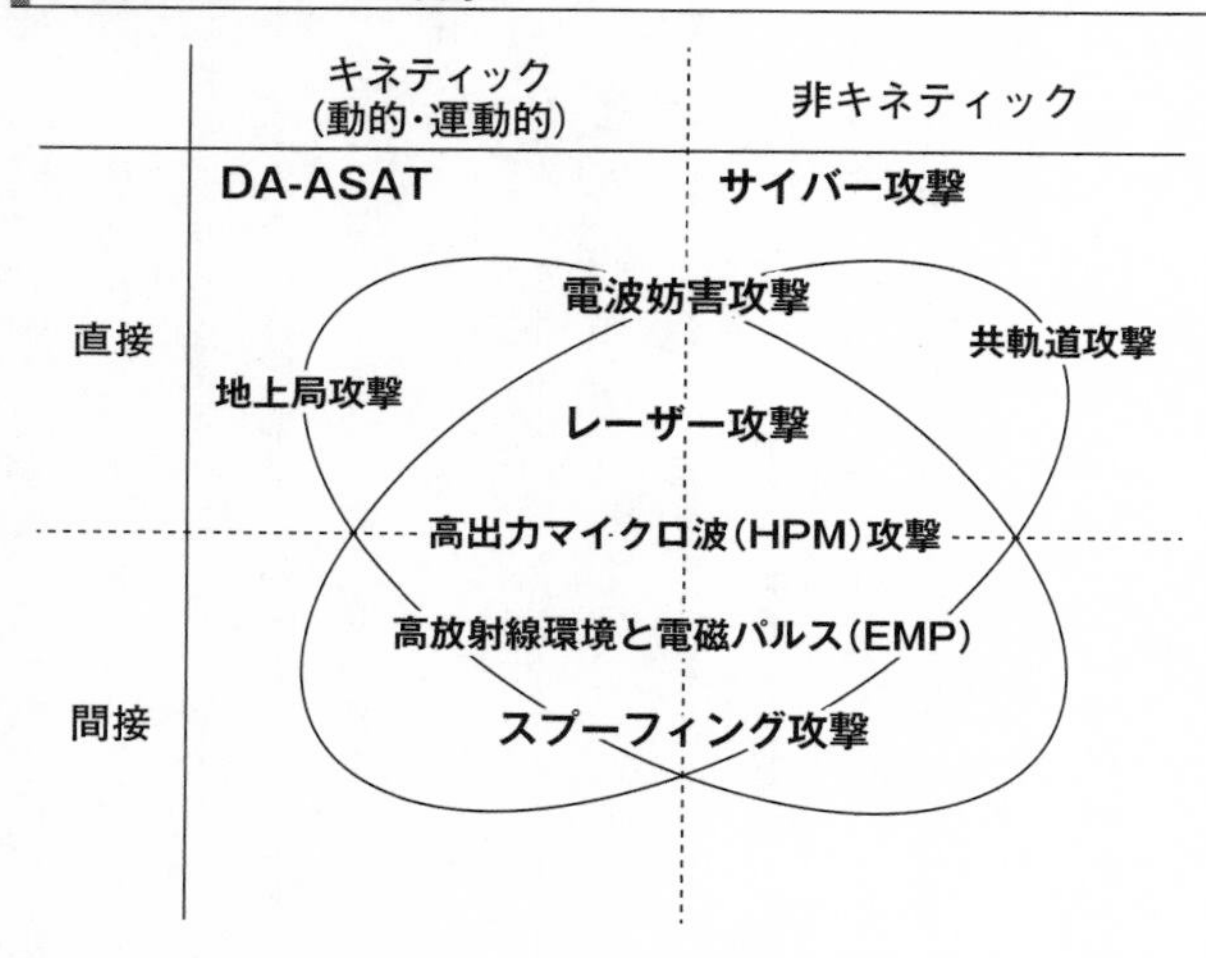

(3)通信リンクに対する攻撃

電波妨害（ジャミング）装置は、同じ無線周波数の雑音を発生させることで、衛星と地上の通信（RF）帯を妨害します。地上から衛星に向かう信号を妨害するアップリンク・ジャマーと、衛星から地上のユーザーまでに伝達される途中の信号を対象とするダウンリンク・ジャマーがあり、何らかの通信障害を引き起こす可能性があります。また、攻撃者が作り出した偽の信号を、意図的に受信機に送り込み、本物の信号であるかのように騙（だま）す電子的な攻撃手法もあり、スプーフィング（なりすまし）攻撃と呼ばれています。特に、GPS受信機や衛星電話のように、無指向性アンテナを利用するシステムは、広い角度からのスプーフィング攻撃の影響を受けやすいとされています。

その他に、攻撃者が正当な利用者のログイン情報をそのまま盗聴・記録し、それをサーバに再送信することで、正規の利用者になりすましてネットワークへの不正アクセスを行なうリプレイ攻撃も大きな脅威に数えられます。

(4)変化し続けるサイバー脅威

近年、注目を集めているのが、宇宙システムに対する領域横断的なサイバー攻撃です。サイバー攻撃は、地上と宇宙間のデータを伝送し制御するシステムを標的として行なわれ、データを傍受し、偽のデータや適正ではないコマンドを偽装して組み込むことを通じて、衛星からリンクされるデータやサービスを喪失させます。

例えば、GPSシステムに対するサイバー攻撃が制御系システムへ行なわれた場合、衛星を不法に遠隔操作することが可能となり、GPS信号に依存する社会生活や重要インフラへ多大な影響を及ぼしかねません。サイバー攻撃による衛星に対する干渉・妨害は、直接的・物理的なDA-ASAT攻撃や共軌道攻撃と比較すると、費用対効果に優れ、帰属の確定に時間がかかることから、攻撃側には有利な手段となり得ます。[27]

ロシアによるウクライナ侵攻の際には、民間衛星通信会社Viasat社のKA－SAT衛星通信サービスへのサイバー攻撃が行なわれましたが、これは、KA－SAT衛星自体への攻撃ではなく、地上のユーザーセグメント（モデム）が攻撃を受けたことによって発生したものでした。[28]この原因は、未だ調査中ですが、セキュリティの低いユーザーインターフェース（接続点）としての汎用モデムがサイバー攻撃の標的となり、攻撃の影響がシステム全体に波及したものと見られています。このサイバー攻撃は、ウクライナ国内の軍民の通信や電力に対して広範な被害や影響を与えたばかりでなく、ドイツをはじめとする他の欧州諸国にも様々な通信障害を引き起こし、予想外の被害を長期にわたって生じさせました。[29]

今後も、情報通信技術（ICT）の進化を背景としたIoTの急速な普及により、異なるシステム間の接続性が高まることで、そのシステムの中で最も脆弱な接続ポイントがサイバー攻撃の目標とされるでしょう。今後、宇宙システムへの依存が一層高まり、相互に接続される様々なシステムが増え続けるようになれば、サイバー攻撃の脅威はより大きなものになっていくはずです。

このように、宇宙システムへの攻撃は、技術の進化によって多様性に富み、サイバー攻撃を通じて、宇宙への依存を強める軍官民の活動に重大な影響を及ぼします。宇宙システムに依存する一般市民も、このことを理解するべきです。そして、インフラが止まっても自分で生きのびる力をつけておくことが大切です。これは突然の自然災害や大地震への対応と同じですね。また、これらの宇宙システムを含む重要インフラへの攻撃が単独で発生することはなく、複合的かつ長期間に行なわれることも考えられます。国家としては、早急に横断的な対策の枠組みを整備し、国民のサイバー・リテラシー（サイバー分野に関する十分な知識や情報を収集し、かつ有効活用できる能力）とその攻撃に対するレジリエンス（回復力）を高めるべきです。

4　そして、何が起きるのか

ロシアによるハイブリッド脅威

ロシアは、２００８年にジョージアに侵攻し、２０１４年にクリミアを併合した際に、ハイブリッド戦争を仕掛け、短期間の間に作戦を終了することに成功しました。ロシアはサイ

ハイブリッド脅威

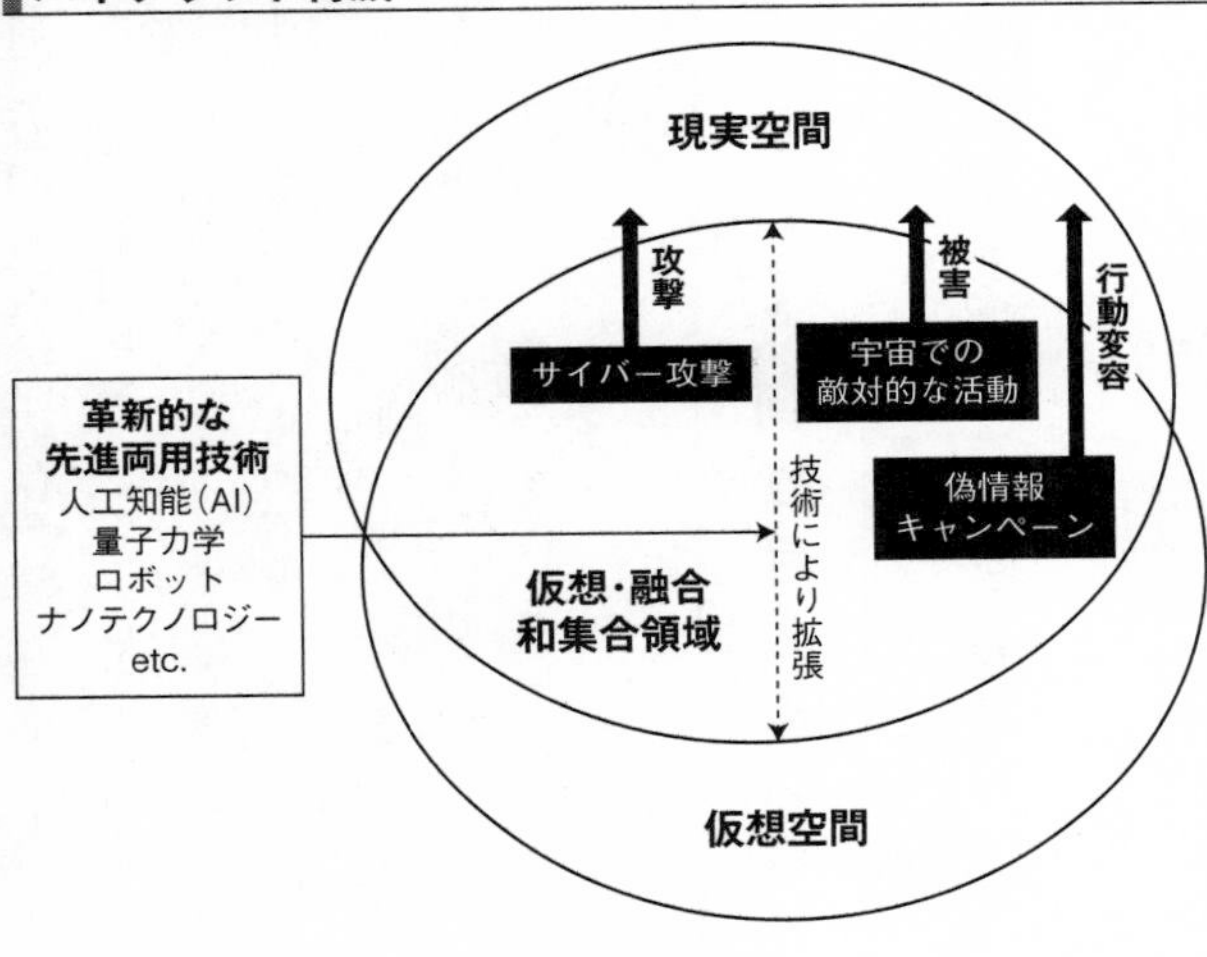

バー攻撃、欺瞞や偽情報の拡散などの妨害活動で社会インフラや軍の活動を麻痺（まひ）させ、これに軍事力を組み合わせてきわめて短期間でクリミアを併合したのです。このハイブリッド戦争の背景には、情報通信技術（ＩＣＴ）などの技術の進化によって、仮想空間と現実空間の接続性が増大する中で、その融合領域が拡大し、仮想と現実の境目が曖昧になりつつあることがあります。その結果、非物理的な手段による攻撃は、仮想と現実が融合する和集合領域で発生し、現実空間に対して、攻撃や妨害の被害、さらに、行動変容などを生み出すのです。

　ウクライナ侵攻でも、サイバー、宇宙、電磁波、認知の領域での戦闘を含む、ハイブリッド戦争が展開されてはいますが、2014年のクリミア侵攻以降、ロシアによるさらなる事態を予期して準備してきた欧米諸国による対抗措置や、予期しなかったウクライナ国民の強い抵抗姿勢などによって、ロシアが想定したハイブリッド脅威による攻撃の効果は認められていません。

中国による台湾侵攻

2022年10月に行なわれた第20回中国共産党大会において、習近平主席は政治報告の中で、中国は台湾統一を歴史的任務と捉え、必ず「統一を実現しなければならない。実現できる」と言い切りました。もし統一が実現できなければ中国共産党も習近平主席も、その存在意義を問われることになります。

中国が、「中華民族の偉大なる復興」のために、武力による台湾併合に着手する際、それはハイブリッド戦争の形態を取るものと見られます。国際的な相互依存の深化や社会環境の変化を受け、大きな犠牲を伴う正規戦を避けようとする風潮の中で、中国が最終的に先進国との戦いにおいて正面からの戦争ではなく、宇宙、サイバー、電磁波空間における非対称戦を重視したハイブリッド戦争を決心すると考えられるからです。

中国の第1列島線

第1列島線
日本
中国
東シナ海
小笠原諸島
台湾
沖縄
南シナ海
グアム
フィリピン
インドネシア
第2列島線

2022年7月28日付日本経済新聞電子版記載の図を基に作成

中国は、物理的コストが少ないハイブリッド戦争を通じて、相手を消耗させ、その後の短期間の戦闘で制圧することを好むでしょう。中国にとって台湾統一とは、台湾を中国共産党の実効支配下に置くことであり、多くの破壊や犠牲者を出す懲罰的な武力行使が目的ではないことも大きな理由の一つです。

実際のハイブリッド戦争においては、当初、サイバー空間や宇宙空間での不法行為や攻撃から始まり、サイバー攻撃や非物理的な攻撃によって、運用中の人工衛星が複数、同時に停止し、電力、交通、金融などの社会システムが誤作動を起こすと見られます。さらにはＳＮＳ上で膨大なデマや嘘が流れる中で、大規模停電が長期化し、公共交通機関が大幅に乱れ、金融システムに支障をきたすなど、市民の生活の混乱が長引くことによって、国内の混乱や治安の悪化が生じる可能性があります。

中国は、ハイブリッド脅威によって、民生機能を妨害、無力化することを通じて、台湾の治安を不安定化させ、警察などの治安機関や軍隊の通常の活動を妨害することを狙うかもしれません。そして、台湾の国家機能を麻痺させた段階で、軍事施設や重要施設に対して、弾道ミサイルや巡航ミサイルを用いた集中的な攻撃を開始します。さらに、台湾上空の航空優勢を確保した後に、ＰＬＡが上陸作戦を開始し、短期間に、台湾領土の実効支配を完成させるというのが、武力による台湾併合の一つのシナリオです。

そして、直接的な攻撃対象となる台湾だけでなく、米軍が展開する日本や韓国、東南アジアにも、同様のハイブリッド脅威による攻撃が仕掛けられる可能性があります。その際には、中国のＡ２／ＡＤ（接近阻止・領域拒否）戦略（米軍の介入を阻止し、米軍が自由に作戦を展開することを妨げる戦略）の下に、長射程攻撃兵器をもって、米軍が第1列島線（中国独自の海洋上の軍事的防衛ラインの一つ）の内側に入る可能性を軍事的に排除しようとするでしょう。

パートナーシップに基づく陽動作戦

1996年、初めて「戦略的協力パートナーシップ」を締結した中露両国は、そのパートナーシップの強化に努めてきており、2022年2月4日の中露首脳会談において「中露間の友情には限界がない、そして、禁止された協力分野はない」ことを確認するまでになっています。

日本周辺を見れば、進化する包括的・戦略的協力パートナーシップを掲げる両国は、2021年に中露合同海軍演習を行ない、軍艦艇による日本近海での共同巡視や日本周辺の上空で爆撃機による共同飛行を実施するなど、中露の共同作戦能力を増強する動きを誇示するようになっています。今後、中露両国が、さらに軍事的な協力や連携を深め、新領域における連携的な動きを強めることを通じて、世界各地において米国のプレゼンスを低下させるような活動を協調的に行なうことも考えられます。

これまで、中露両政府は、国連において「宇宙空間における軍備競争防止のためのさらなる実質的な措置」の決議提案を行なうなど、宇宙空間における軍備競争の防止に向けての活動を繰り広げてきました。しかし、その中国とロシアの狙いが、本来の軍備管理・軍縮ではなく、米国のミサイル防衛を挫折させるためであったことが明白だったために、米国をはじめとする西側諸国の賛同を得られませんでした。この事実は、あらゆる局面で、中露間のパートナーシップが発揮され、具体的な行動となって表面化し、国連や地域をも巻き込んで事態の拡大に結びつく可能性があることを暗示しています。

台湾の武力による併合が成功した場合、東アジア情勢が大きな変化を受けるばかりでなく、中国の侵攻を阻止できなかったことから、海洋国家としての米国のプレゼンスは低下せざるを得ないでしょう。太平洋国家でもあるロシアにとって、米国のプレゼンスを低下させることは大きな戦略目標の一つであることは間違いなく、その点で、中国の台湾侵攻に対して協力的、協調的な軍事姿勢を顕在化させるだけの理由があるのです。

また、２０２３年７月以降、北朝鮮とロシアの接近が始まり、将来的に、中露朝三カ国による海軍演習が実現する可能性が報じられています。[30]今後、この三カ国の軍事協力が進展する場合、台湾への軍事侵攻の発起と共に、北朝鮮軍、極東ロシアが日本海周辺での軍事活動に加え、サイバー攻撃や宇宙妨害などを活発化させ、西側諸国に対する陽動作戦を展開することも懸念されます。

その際、当事者でないロシアや北朝鮮が、米軍が依存する宇宙アセットへの直接・間接的な妨害や、関係国へのサイバー攻撃、偽情報の流布を用いた認知攻撃を展開するでしょう。北朝鮮も加わった中露間の制限のない協力が顕在化することがないように、平時から、西側諸国間で宇宙を含む新領域における防衛態勢を整備しておく必要があります。

量子暗号を通じた一帯一路デジタル戦略

２０１６年8月、中国は量子科学実験衛星「墨子号」を打ち上げました。２０１７年9月には北京・ウィーン間で、世界で初めてとなる大陸間量子暗号による通信動画、通話を実現し、２０１９年12月には、この墨子号と地上側ネットワークの受信基地となる量子衛星地上ステーションとの連結に、世界で初めて成功しました。[31]

さらに中国は、北京と上海を結ぶ世界最長の量子通信ケーブルを用いた「京滬(けいこ)幹線」と呼ばれる地上暗号通信ネットワークと墨子号によって宇宙・地上リンクを実現させることで、宇宙・地上一体型の「量子暗号鍵」（パスワードやメッセージの暗号化に利用可能な暗号）の通信を成功させています。

世界各国の関係者は、量子コンピュータへの投資や研究開発が増大、加速化している中で、現在のコンピュータの性能では解読は不可能とされていた現行の公開鍵（ＲＳＡ暗号）が、２０３０年頃までに技術的に解読される可能性を指摘しています。[32] ＲＳＡ暗号は、代表的な公開鍵暗号の一種で、この暗号を考案したRivest（リベスト）、Shamir（シャミル）、Adleman（エイドルマン）の3人の名前の頭文字をとって、ＲＳＡ暗号と名付けられました。そのため、従来の暗号のように式の計算や数字の置き換えによって情報を隠すのではなく、量子力学という物理法則の原理により通信途中での盗聴を完全に防ぐ量子暗号の研究開発や実用化が進み始めたところでした。中国は他国に先んじて、その実用化に成功したことになります[33]。

中国は、一帯一路イニシアティブの一環として、中国独自の衛星ナビゲーションシステム「北斗」のサービス提供に加えて、量子暗号システムの域内への普及を通じて、その政治的影響力を拡大させる戦略を展開する可能性があります[34]。

中国としては、一帯一路を受け入れる国々において、それらの技術提供を通じて、行政、金融、教育などの面での利便性と安全性を提供し、デジタル技術領域における、排他的な囲い込みを達成しようとしているのでしょう。西側諸国としては、中国による宇宙関連の技術や暗号を用いての影響力拡大に警戒感をもって対処し、一帯一路に含まれる地域が中国の勢力圏下に留め置かれることを避けるべきです。

第三章

欧米諸国の宇宙戦略

1　米国の宇宙戦略

統合抑止――米国の新たな国防戦略の核

２０２１年12月4日、レーガン国防フォーラム（Reagan National Defense Forum）において、オースティン米国防長官は、重大なサイバー攻撃など非対称脅威から戦端が開かれるようなケースを挙げ、危機事態が予期しない場所から発生する危険を指摘しました。

その中では、宇宙空間やサイバー空間が、作戦領域や戦闘領域として進化を続けていることに加え、情報通信技術（ＩＣＴ）や先進技術の急速な進化によって、従来の陸海空という伝統的な戦闘領域との接続性が強まり、仮想空間の攻撃が現実空間にも死活的な影響を及ぼし得ることを指摘しています。さらにオースティン国防長官は、新たな国防戦略の核となる「統合抑止（Integrated Deterrence）」に関して、米軍は、戦闘領域を区分することなく、相互融合を強めるすべての空間領域における優位性を獲得することで、敵の非対称な戦い方を抑止することを宣言したのです。

「統合抑止」の中で、中心的な役割を果たすと見られる宇宙領域に対する米国の取り組みについて見てみましょう。

米国宇宙開発小史

安全保障における米国の宇宙計画は、１９４０年代に始まり、50年代初期までは、陸・海・空軍においても、個別で小規模な取り組みが行なわれていたに過ぎませんでした。しかし１９５７年10月４日、ソ連が人類初の人工衛星「スプートニク１号」の打ち上げに成功すると、米国民は驚愕し、58年には民生面での宇宙計画に全面的な責任を持つ米航空宇宙局（ＮＡＳＡ）や国防総省の宇宙研究活動を一元的に行なう高等研究計画局（ＡＲＰＡ）が設立され、米ソ間の全面的な宇宙・ミサイル開発競争に突入することになります。

１９６１年にジョン・Ｆ・ケネディ大統領によって示された「10年以内に人類を月面に着陸させ、安全に地球に帰還させる」という国家目標は、69年7月20日、宇宙飛行士ニール・アームストロング氏によって達成され、72年までに月を探査するアポロ計画が６回実施されることになりました。

米ソ冷戦が続く中で、米ソ双方は、偵察、警戒監視、情報通信などの作戦支援面での宇宙の軍事的な利用が進めてきましたが、不用意な宇宙アセットへの攻撃は宇宙全体の運用に大きな影響を与えることから、お互いに不用意な攻撃を控える「聖域」として宇宙の平和が保たれていました。

しかし、２００７年１月に対衛星兵器（Anti-Satellite weapons：ＡＳＡＴ）により人工衛星の破壊実験を行なった中国は、宇宙空間に多くのスペースデブリを発生させ、長らく維持されてきた宇宙という「聖域」の性格を変えることになります。さらにこの実験は、宇宙システムの脆弱性を、世界に改めて認めさせることにもなりました。

国防宇宙戦略――「宇宙が戦闘領域に変わった」

２０２０年６月17日に発表された「国防宇宙戦略」では、米国は、宇宙空間において中国とロシアを、米国にとって作戦上の最大の脅威であり、宇宙空間を武装化し、主戦場に変えた当事者として指弾しています。そして、北朝鮮やイランなどの新興脅威に言及し、自国の宇宙利用の促進を優先する中国・ロシア両国が、他国の宇宙への自由な接近を阻止しようとしていることに対して警鐘を鳴らしました[35]。

米軍の宇宙戦略は、中国やロシアによる宇宙システムへの攻撃の可能性を排除し、宇宙空間の安定性と公共性を回復して、その秩序を保つことにあります。そもそも宇宙空間は、国際公共財に位置づけられ、誰もが自由にアクセスし、利用できる領域のはずでした。しかし、2007年の中国による衛星破壊（ASAT）実験以降、ロシアもASAT関連の活動を繰り返し、宇宙空間の安全を阻害するスペースデブリを増大させるなど、宇宙の平和に対する挑戦が続いています。

これに対して、米国としては宇宙空間にデブリを発生させるような作戦は想定しないものの、中国やロシアによる宇宙攻撃を抑止するという観点から、攻撃手段も兼ね備えた、無力化を主体とする宇宙作戦を検討せざるを得ないでしょう。

宇宙軍の創設

米軍は2019年に宇宙軍を創設し、安定的な宇宙空間を確保すべく、重大な脅威を積極的に排除することに着手しています。中国やロシアの宇宙空間に係る脅威を、宇宙への攻撃に加えて、宇宙からの攻撃、宇宙での攻撃として分別し[36]、これらに対して、抑止と対処という反応要因をかけ合わせることで、宇宙空間における宇宙軍の役割は明確なものになっていくでしょう。

この宇宙軍は、米宇宙コマンド（United States Space Command：ＵＳＳＰＡＣＥＣＯＭ）、米宇宙軍（United States Space Force：ＵＳＳＦ）、宇宙開発庁（Space Development Agency：ＳＤＡ）から構成されますが、各々異なる任務をしながらも、相互間の協力・連携を重視しています。

ＵＳＳＰＡＣＥＣＯＭは、２０１９年8月に改めて編成された米統合司令部で、コロラド州ピーターソン空軍基地を本拠地として、シュリーバー空軍基地（コロラド州）、オファット空軍基地（ネブラスカ州）、バンデンバーグ空軍基地（カリフォルニア州）に装備品と人員を配置しています。司令官は、米宇宙軍の宇宙作戦部長でもあり、宇宙統合軍の上級司令官として位置づけられます。ＵＳＳＰＡＣＥＣＯＭは、侵略と紛争を抑止し、米国と同盟国の行動の自由を守り、統合作戦のための宇宙戦闘力を提供することが主任務であり、具体的には、宇宙作戦の態勢と準備によって勝利する、米統合軍が行なう各種作戦を支援するために宇宙の戦闘力を提供する、そして同盟国やパートナーの宇宙の利益を守ることです。

ＵＳＳＦは、宇宙部隊を編成し、訓練することに加えて、宇宙飛行士の育成にも責任を持っています。２０１９年12月に発足したばかりのＵＳＳＦですが、陸軍、海軍、空軍、海兵隊と同様に、宇宙における作戦に責任を持ち、ＵＳＳＰＡＣＥＣＯＭや他の統一戦闘軍との

多層的な宇宙戦闘管理システム：PWSA

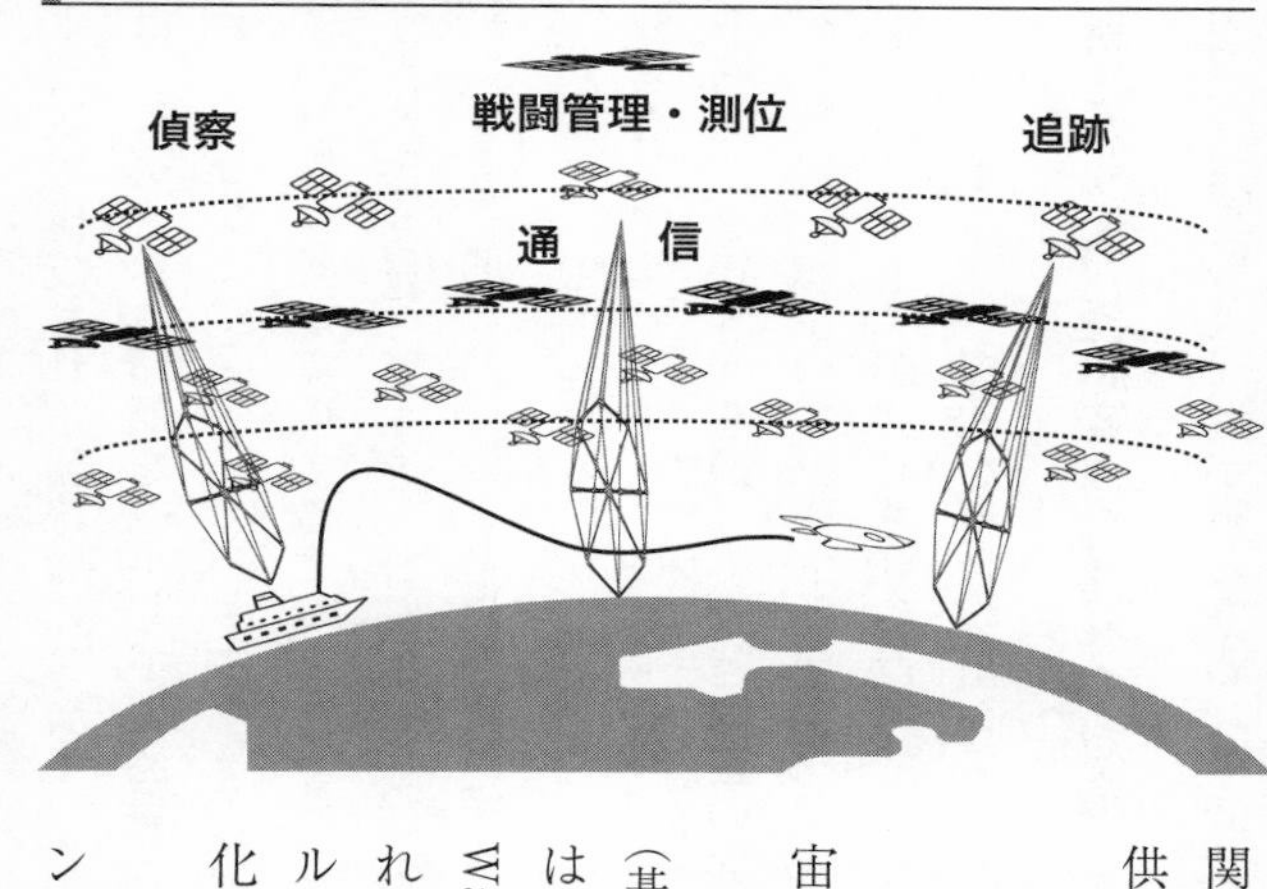

関係で実戦的な宇宙部隊を編成、訓練、装備し、提供することが最も重要な任務です。

宇宙作戦の基盤

経空脅威が多様化し、戦い方が変化する中で、宇宙における作戦能力の進化が期待されています。

宇宙開発庁は、国家防衛宇宙アーキテクチャー（基本的な設計構造）の実現を目指しています。それは、増殖性戦闘宇宙アーキテクチャー（Proliferated Warfighter Space Architecture：ＰＷＳＡ）と呼ばれ、何百もの衛星が宇宙に集まり、地球上のミサイルの脅威やその他の時間に敏感な目標の追跡と標的化を可能とする軍事衛星ネットワークを指します。

このＰＷＳＡは、相互接続された通信衛星のトランスポート層と、ミサイル探知および早期警戒センサー衛星で構成される追跡層の2層ネットワークを特徴としています。またこのネットワークは、目標と追跡情報を収集し、戦闘員と兵器システムに即座に送信する数百の衛星コンステレーション（Satellite constellation）を含んでいます。

このＰＷＳＡが実現すると、宇宙空間での高速通信ネットワークによる、極超音速滑空体（Hypersonic Glide Vehicle：ＨＧＶ、後述）などの全地球的な検知・追跡・警報に加え、指揮統制（Ｃ２）面において、ＰＷＳＡの宇宙センサーから取得した各種運用データを、データ伝送（Data Transport）衛星を中継して、地上の戦術データリンクへと接続送信することが可能となります。

それは、ＰＷＳＡを通じて、陸海空の兵士や装備品が共通の軍事衛星ネットワークに連結され、戦域レベルのフラットなデータ共有が実現することに他なりません。宇宙から地上まで垂直的にデータが共有されるだけでなく、水平的に個別の軍事アセットがリンク接続されることによる、多層的な統合防衛システムの実現が期待されるところです。[37]

新たな課題：極超音速兵器への対応

極超音速兵器は、近宇宙と言われる低軌道の直下、もしくはその軌道の一部にとどまった後に、速やかに降下を始め、グライダーのような飛翔経路を通る極超音速滑空体（ＨＧＶ）と、ダクテッドロケットエンジンを使って低空を直進する極超音速巡航ミサイル（ＨＣＭ）から成ります。ダクテッドロケットエンジンは、超音速領域で高いエンジン効率を出せるラムジェットエンジンの一種で、通常のロケットエンジンよりも高い性能（比推力）を発揮します。

また音速の約5倍以上の速度で、弾道ミサイル（慣性誘導を利用して砲弾のように放物線を描いて飛ぶミサイル）よりも低い高度で飛行するだけでなく、空中における機動性が高いことから、防御するのが非常に困難な経空脅威と見られています。[38]

特に、弾道ミサイル防衛（ＢＭＤ）のシールドを無力化し、相手が対応できる時間を限られたものにすることによって、攻撃側の経空脅威の残存性が高まることは、防御側にとって想定外の深刻な問題として受け止められます。

ロシアは極超音速システムの開発と配備において、世界で主導的な立場にあり、極超音速兵器「アヴァンガルド」を配備し、ウクライナ侵攻においても、空中発射型弾道ミサイル「キンジャール」を極超音速兵器として攻撃に使用しました。中国も、準中距離ミサイルＤＦ－17（東風17）にＨＧＶ（東風ＺＦ）を搭載することから、極超音速兵器の能力を有していると考えられます。

米国の戦略的抑止は、核戦力による機動力と敵の兵器がいつ発射されたのかを知る探知能力から成り立っています。その前提である対処の時間が、極超音速兵器の登場によって否定されるとすれば、米国の核による先制攻撃を招くことにも結びつき、大国間の核戦争を引き起こしかねない事態も憂慮されます。そのため、米国内では、研究開発が進む極超音速兵器の早期の配備を実現し、米軍の現場指揮官に、そのような非対称兵器を用いる戦闘のオプションを与えるべきだという主張も見られます。

台湾有事の際に、PLAは、A2／AD（接近阻止・領域拒否）戦略に基づき、長距離弾道ミサイルなどによる長射程作戦を実行して、米軍の台湾への接近を阻止すると見られています。その作戦の中には、宇宙アセットへの依存を深める米軍の現状から、対衛星攻撃によって、米軍の作戦運用能力を麻痺させるような計画が含まれているかもしれません。その際に米軍が、遠距離に位置するPLA部隊に対して、極超音速兵器による打撃を与えることが可能であれば、PLAの作戦上の即応性を奪うことによって、米軍の作戦上の選択の幅が広がります。米国及び同盟国において、極超音速兵器の警戒監視、探知、追跡のための宇宙空間の活用に加えて、その脅威に直接対抗する手段の重要性が改めて浮き彫りになります。

部分軌道爆撃システム実験は、スプートニク・ショックなのか

２０２１年10月、中国は、「長征（Long March）」ロケットを用いて、部分軌道爆撃システム（Fractural Orbital Bombardment System：ＦＯＢＳ。放物線を描いて飛翔する通常の弾道ミサイルと異なり、地球低軌道［ＬＥＯ、高度は約１００～１５０km］の一部を利用した攻撃システム）に、ＨＧＶを組み合わせた発射試験を強行しました。[39] このシステムは、冷戦期に旧ソ連が配備し、後に１９７９年のＳＡＬＴⅡ条約により廃棄されたとされるレガシー攻撃技術ですが、ミリー元米統合参謀本部議長は、その発射試験を「スプートニクの瞬間」に「非常に近づいている」として、危機感を隠そうとはしませんでした。[40] １９５７年10月４日、ソ連が人類初の人工衛星「スプートニク１号」の打ち上げに成功し、米国民はソ連の技術力の予想外の高さにその威信を傷つけられ、「スプートニク・ショック」と言われる衝撃を受けたときと同じようなインパクトがあったというのです。

今回は、従来の北極周りの弾道ミサイルの飛来を想定する、米国のＢＭＤシステムの裏をかく形で、ＬＥＯを一部使いながら、南極方面からの攻撃を可能とするような発射試験でした。この技術は、旧ソ連のＦＯＢＳシステムとして実戦配備もされたことがあり、特に新味

はないという評価があります。しかし中国は、このＦＯＢＳに改良を加える形で、極超音速飛翔体（ＨＧＶ）を本体から分離、発射したとも見られています。それは米国にとって、「宇宙からの真珠湾攻撃」に等しいインパクトをもって受け止められ、米国の危機感を高めたに違いありません。

米国内では、ＨＧＶを含む、これらの宇宙空間の一部を用いた中露による攻撃の可能性に対して、核の3本柱（Nuclear Triad）を軸とする米国の核戦略に大きな影響を与えるものではないとする意見もあります。[41] しかし米本土に対して、マッハ5以上の速度をもって、レーダーの監視域をかいくぐる形で低高度侵入する極超音速兵器への対処は急務であることは確かです。警戒監視システムとしてのＰＷＳＡの整備を急ぎ、開発中のＧＰＩ（Glide Phase Interceptor：滑空段階迎撃体）との組み合わせによる迎撃態勢の構築が急がれます。ＧＰＩは極超音速ミサイルが大気圏に再突入する前に撃墜することを目的として設計されたミサイ

部分起動爆撃システム

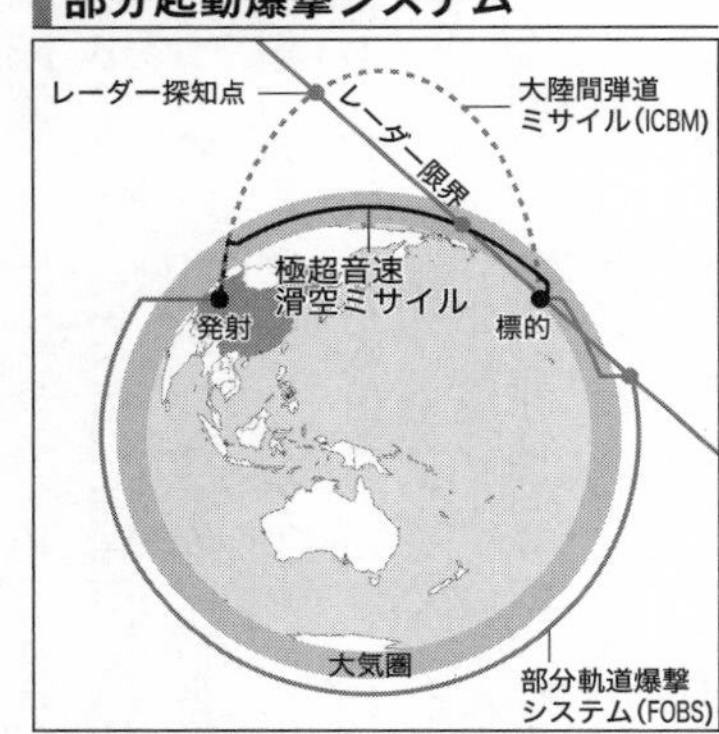

BBS News JAPANのホームページ https://www.bbc.com/japanese/features-and-analysis-59033615に掲載の図を基に作成

ルです。

歴史をさかのぼれば、前述した通り、スプートニク・ショックの翌年となる1958年には、米航空宇宙局（NASA）が設立され、全面的な宇宙・ミサイル開発競争が開始されました。そして同年、米国内に国防の柱となるイノベーションを加速化するために高等研究計画局（Advanced Research Projects Agency：ARPA）が設立されました。

ＧＰＩによる極超音速ミサイルの迎撃のイメージ（出所：https://www.northropgrumman.com/space/hitting-a-bullet-with-a-bullet-counter-hypersonic-systems、一部改変）

米国内で、今回の中国によるFOBSとHGVを組み合わせた発射試験がスプートニク・ショックと呼ばれる以上、米国は、国家的な危機感を高め、その対処に係る研究開発や技術進化の流れを加速化し、そのショックを乗り越える革新的なイノベーションに着手しているはずです。[42]

2 NATOの宇宙戦略

NATO宇宙センターの創設

ＮＡＴＯ（北大西洋条約機構）加盟国の中で、２０１８年、米国は初めて「国家宇宙戦略」を立案し、宇宙が戦闘領域に変化したことを認めました。２０１９年９月にフランスに宇宙司令部が置かれ、同年12月には米国が陸海空軍と並ぶ独立軍として宇宙軍を創設するなど、各国で宇宙の戦闘領域化に備える体制整備が進んでいます。

前述した通り３つのＣ（競争：Competitive、混雑：Congested、敵対：Contested）の状態にあるとされる宇宙空間において、同盟国による共同作戦を前提とするＮＡＴＯは、指揮通信、画像情報、ナビゲーション、早期警戒の面で同空間への依存度が高くなっています。

今後、ＮＡＴＯは、作戦インフラとして高い価値を有する宇宙に対して、２０２０年から

２０３４年までの調達費用として10億ユーロ以上を衛星通信サービスに投資する予定です。具体的な経緯としては、２０１９年６月の国防相会合においてＮＡＴＯとしての独自の宇宙政策が採択され、同年12月のロンドン首脳会合では、宇宙を、陸、海、空、サイバー空間と並んで５番目の作戦領域に位置づけるとの宣言が行なわれました。

また、２０２０年、連合国空軍司令部（Allied Air Command、独・ラムシュタイン）に「ＮＡＴＯ宇宙センター（NATO Space Center）」が新設されました。ＮＡＴＯ宇宙センターでは、ＮＡＴＯの宇宙に関する活動を調整し、通信、衛星画像などの業務支援活動を行ない、加盟国間で宇宙に関する脅威情報の共有を図ることが期待されています。

他方で、独自の宇宙システム資産（アセット）を保有していないＮＡＴＯは、米英仏など主要国を軸とした多国籍編成の部隊運用に依存せざるを得ない現状ですが、幾つかの加盟国の当該能力の有無にかかわらず、多国籍による取り組みを追求してゆくものと見られます。例えば、今後の宇宙作戦に関する部隊編成や要員養成では、１９８０年前後からＮＡＴＯ共通アセットとしての早期警戒管制機（ＡＷＡＣＳ）が多国籍搭乗員によって運用されてきたことを教訓として、ＡＣＯ（作戦連合軍）において宇宙関連の要員の養成・訓練並びに関連する作戦計画が構築される可能性が高いといえます。

ミサイル防衛システムの構築

このような安全保障を取り巻く環境変化の中で、多元的な進化を続ける経空脅威への抑止と対処において、統合防空ミサイル防衛（Integrated Air and Missile Defense：ＩＡＭＤ）への期待が高まります。

その目的は、主に領域外から空を経由して飛来するあらゆる脅威を破壊もしくは無力化することを通じて、国民、領土、戦力を防衛することであり、従来の基本的な防空の考えと変わるところはありません。しかし、経空脅威に関する新たな課題として、①ミサイルの長射程化、②複数個別誘導再突入体（ＭＩＲＶ）・機動再突入体（ＭａＲＶ）化された弾頭、③迎撃することが難しい変則的な飛翔軌道、これらに加えて運用面での④複数の発射形態（固定式発射台、輸送起立発射機［ＴＥＬ］、潜水艦）による奇襲攻撃、⑤同時発射能力による飽和攻撃（攻撃目標の防衛能力を上回る量の攻撃を行なうこと）の多用など、急速な進化を遂げ、多様性を増しつつあります。

また、経空脅威が赤の女王仮説（生物種は、生存のために絶えず進化を続けなければならないという仮説）をなぞるように、その攻撃力を多様化し、強化され続けるのであれば、防衛側は飛来する経空脅威を機械的に迎撃し、破壊するという「対処」能力だけでは十分とは言えません。その点で、経空脅威の強大化と多様化に対して、国民の生命と財産を最大限守るという観点から「抑止」機能を強化すべき時期を迎えています。

その実現に向けては、攻撃目標の設定（ターゲティング）に係る包括的なインテリジェンス能力の向上や、組織的な反撃のための指揮統制（C2）システムの整備が喫緊の課題となっています。さらに、その整備は一朝一夕には実現できないものの、地上における弾道ミサイルなどの状況を可視化するための画像認識、リモートセンシング技術、さらには、その脅威分析を速やかに実施するための人工知能（AI）、量子計算、自律機能などの新興・破壊的技術（EDTs）のIAMDシステムへの実装化を、可及的速やかに推し進める必要があります。

地上発射型のイージス・アショア（イージス艦の弾道ミサイル防衛システムを陸上に配備し、大気圏外の宇宙空間を飛翔する弾道ミサイルを地上から迎撃する能力を持たせたもの）を中核としたBMD体制を有するNATOも、このような経空脅威の急速な進化に対して、弾道ミサイルなどが発射された後、いわゆる「発射の右側（Right of Launch）」における迎撃対処の難しさに直面しつつあり、新たなIAMDの構築に向かうことになると見られます。近年の技術革新の急速な進展による軍事技術と民生技術のボーダレス化の中で、軍事技術にも応用し得る先進的なデュアルユース技術を基盤とするＥＤＴｓは、進化を続ける経空脅威を抑止、対処するための重要な鍵を握ることになります。

２０２１年、ＮＡＴＯはＥＤＴｓ政策の展開を導くべく、新興技術と破壊的技術に関する戦略を承認すると共に、北大西洋防衛イノベーション・アクセラレーター（ＤＩＡＮＡ）を立ち上げ、同盟全体のイノベーションを支援する多国籍ベンチャーキャピタル基金の設立を合意しました。さらに、10億ユーロのＮＡＴＯイノベーション基金を立ち上げ、欧州連合（ＥＵ）や国連（ＵＮ）などの他の国際機関と連携しつつ、新興技術や破壊的技術への対処を本格化しています。[43]

３　ＥＵの宇宙戦略

ＥＵは既に世界的な宇宙大国であり、ＰＮＴ（Positioning, Navigation, and Timing：宇宙ベースの測位・航法・タイミング）や地球観測のための宇宙アセットを保有、運用しています。

歴史的に、欧州の共通宇宙政策は民間部門が主導し、経済的利益や技術的進歩に重点が置かれてきました。その背景には、既にフランスやスペインのように高い宇宙能力を有する国々は、自国の主権保護の観点から、宇宙に関する共通の国防政策や軍事的な意思決定に否定的だったという事情があります。

しかしロシアが、2021年にASAT実験を行ない大量のスペースデブリを発生させたことや、ウクライナ侵攻に際して宇宙通信ネットワークに対するサイバー攻撃を強行して欧州諸国に混乱を与えたことは、EUの宇宙戦略上、大きな転換点となりました。

2023年11月、EUは、宇宙アセット防衛のための共通戦略を支持し、加盟国に対して宇宙脅威に対する認識と対応能力の強化を求めました。そして欧州理事会は「安全保障と防衛のための宇宙戦略」を承認し、欧州として宇宙安全保障を強化することを確認したのです。

EUの宇宙戦略では、世界的な地政学的環境の変化の中で、欧州が宇宙アセットを保護し、利益を確保しつつ、宇宙空間での敵対的な活動を抑止して、EUが目指す戦略的自律を達成するとしています。具体的には、全球測位衛星システム（GNSS）である「ガリレオ」や地球観測プログラムである「コペルニクス」を気候変動や安全保障分野の新サービスで利用できるようにすることや、軍事的な宇宙プロジェクトへの積極的な融資など、EUとしての政策の変化が見受けられます。[44]

ＥＵは21世紀初頭から、様々な政策・活動に係る基本戦略の一つである「共通安全保障・防衛政策（Common Security and Defence Policy：ＣＳＤＰ）」において示された欧州としての自律的な行動を希求したため、ＮＡＴＯとの関係も競合的であり、決して順調と言えるものではありませんでした。しかし近年、ＥＵは、一途に欧州独自の排他的な安全保障体制を求めるのではなく、70年以上にわたり欧州集団防衛の礎となってきたＮＡＴＯとの協力関係を強化する方針転換を図っています。

その背景には、２００２年以降、ＥＵが主導する作戦に対してＮＡＴＯが支援を行なうことを可能とするベルリン・プラス協定などの各種協力枠組みの整備を通じて、作戦・実務面でのＥＵ・ＮＡＴＯ間の協力関係を強化する動きが積み上げられてきた経緯があります。その結果、ハイブリッド脅威やサイバー防衛、海上安全保障、演習などの連携、協力項目が具体的に拡充されることになり、今後もＥＵ・ＮＡＴＯの政治的な歩み寄りによって、さらなる戦略的関係の強化が図られるでしょう。

２０２３年1月、ＥＵ－ＮＡＴＯ協力に関する共同宣言では、宇宙協力を拡大、深化させることを確認しています。今後、宇宙作戦に関するＮＡＴＯ・ＥＵ共同演習、ＮＡＴＯの宇宙センター（ドイツ）、宇宙ＣＯＥ（center of excellence：中核的研究機関、在ドイツ）と欧州連合衛星センター（EU SatCen、在スペイン）との相互連携を通じて、宇宙アセットの維持、運用における協力や協調は一層進展すると考えられます。

第四章

日本は何をなすべきか

1 長期的な方向性

H3ロケット打ち上げ

2023年3月、日本の宇宙事業の期待を担(にな)うことになる次期大型ロケットH3が、初号機としての打ち上げに際して、電気的な問題によって第2段エンジンが点火せず、指令破壊に至るという大変残念な結果に終わりました。2022年10月のイプシロンロケット6号機の打ち上げ失敗に続き、半年後に起きた予想外の事態が、日本の宇宙関係者に大きな衝撃を与えたことは想像にかたくありません。

しかし、宇宙空間への期待がより高まることが予想される中で、これらの失敗によってさらなる前進を躊躇するのではなく、今後の日本の成長の原動力となるイノベーションを続けるためのコストとして捉え、原因究明後に予期されるH3の飛行を無事に再開させ、国際社会の信頼を回復することが求められています。挑戦をあきらめ、前進を躊躇すれば、それは国際的な優位性を自ら放棄することと同じです。経済・産業へ消極的な影響を与えるのみならず、軍事・安全保障面でも、国際競争力を失うことは日本のリスクを増やすことにつながるでしょう。

米国防総省・国防高等研究計画局（ＤＡＲＰＡ）のステファニー・トンプキンス所長は、極超音速ミサイルＨＡＷＣ（Hypersonic Airbreathing Weapon Concept）の開発に関して「そのうちの幾つかは失敗するだろうということを覚えておいていただきたい。もし失敗しないなら、それは私たちが十分に努力していないことを意味し、十分なリスクを取っていないことを意味する。しかし、そのうちの幾つかは成功するだろうし、そうすることで我が国を根本的に変革し、国家安全保障を強化する可能性がある」と証言しています。[45]

観測衛星「しきさい」「しずく」「いぶき」の貢献

近年、最後のフロンティアと呼ばれる宇宙に関するビジネス活動が、ますます活況を呈しています。従来、宇宙開発利用は、ＪＡＸＡ（宇宙航空研究開発機構）を中心とする国家主導による事業が常識でしたが、世界の宇宙産業が現在の収益３５００億ドルから２０４０年には収益１兆ドル以上に急拡大する流れの中で、[46]これからは、民間が主体となった事業や、ベンチャー企業の新規参入が増え続けていくものと思われます。

その中でも、衛星データの利用、人工衛星や衛星インフラの製造、宇宙輸送、探査・資源開発などの直近の成長が見られる分野において、官公庁（国・地方公共団体）と産業界（民間企業）が宇宙開発利用を中心として共働するのは、競争が加速してゆく中で、自然な流れとなるでしょう。

現在、地球を周回しながら、様々な地球環境の情報を収集する、光学センサーや電波センサーを搭載した多くの観測衛星にも、そのような期待が寄せられています。それらの観測衛星が収集する情報には、海面水温、大気物質、降水状況、海上風速、土壌水分などのデータが含まれており、三次元の空間情報、電磁波などの波長情報や時間経過に伴う変化情報と併せて、様々な分野で利活用されています。

例えば、気候関連の観測データや情報を収集する国際気候モニタリング計画（Global Climate Observing System：GCOS）において、観測衛星「しきさい」「しずく」「いぶき」を、宇宙からの情報センサーとして活用することによって、GCOSが掲げる必須気候変数（ECV：Essential Climate Variable）の測定に貢献することが可能となりました。[47] 地球上の陸海空の状態をデータ化し、さらに多様な外部データを有機的に結合して、複合的な分析を行なうことで、目視や画像だけでは確認し得ない事象をも明らかにし、様々な活用方法が生み出されていくでしょう。

事実、安全保障面においても、これらの観測衛星を用いて、地球上での軍事的な事象や活動を宇宙から可視化しようとする試みが進んでいます。例えば、光学衛星による高解像度の三次元情報は、時間の経過に伴う変化分を加えることで、地上部隊や装備品などの移動や活動の実態を正確かつ詳細に把握することを可能とします。

ウクライナ侵攻においても、米マクサー・テクノロジーズに代表される民間の商用衛星画像は、スターリンク・システムによる民間衛星通信インターネットサービス、電波源から判別される電子信号情報やＳＡＲ（レーダー）情報などと併せて、包括的に一元処理されることを通じて、インテリジェンスのためのビッグデータの重要な一部となりました。それは、商用の地球観測衛星からの情報が、地図や画像の目視では判別しかねる地上の状況を把握し、人や車両の活動の特異状況の判断、また危機の事前段階の予測などに一定の役割を果たし得たことを意味します。ロシア軍の展開や配置に関する情報が、観測衛星をはじめ、多くの商用アセットによって広く共有され、その結果として、戦場が可視化され、「ガラス箱の中の戦争」という状況を現出させたことは非常に印象的な出来事でした。

スターリンク・システムは、民間のSpaceX社が展開する人工衛星経由のインターネットサービスであり、宇宙空間低軌道に展開する人工衛星コンステレーションと地上におけるシステム端末によって構成されます。

この通信システムは、ロシアのサイバー攻撃や電磁波攻撃によって妨害を受ける既存の通信ネットワークの脆弱性を補い、通信インフラが提供されない地域における情報の共有や送受信を可能にしています。この事実は、世界的に、宇宙接続通信の重要性を再認識させると共に、ロシア軍の軍事活動がリアルタイム化された「ＯＳＩＮＴ（Open Source Intelligence）」情報として関係者間で即時に共有されることを意味しています。また、ロシアによる同システムに対する電磁波妨害が懸念されましたが、周波数変換やシステム・ソフトウェアのアップデートにより、その攻撃回避にも成功したと見られています。[48]

情報（データ）における産学官の協力、連携

このように、宇宙アセットによって収集された情報（データ）の活用が、重要な社会インフラの脆弱性を補完するものとして期待される中で、それを受け入れる社会システムの態勢を整備しておくことは必要不可欠です。

衛星利用があらゆる分野で広がりを見せる中で、領域横断的な宇宙データの活用が一般化

し、先進技術の速やかな実装化がさらに求められている現在、その早期実現を図るべく、官公庁や産業界のみならず、学校機関（教育・研究機関）をも含めた国家レベルの協力体制を準備することは喫緊の課題になりました。データが「21世紀の石油（Data is the oil of the 21st century）」[49]と呼ばれるほどの重要性を持った現在、その活用を巡っては、多様性を持つ関係者が知恵を組み合わせることが不可欠であり、学際的アプローチが強く求められるようになっています。

国家として、その利用に関する制度やルールを整備して、あらゆる産学官の関係者の理解を得つつ、専門分野にとらわれない横断的に協力し得る環境を整えることも急がれています。

そして、その実効性をさらに高めるためには、実装化が予期される人工知能（ＡＩ）や次世代情報通信などの先端技術の研究開発を同時並行的に進めることも重要です。近年のスマートフォン、民間衛星、画像認識カメラなどの新興技術が集約された情報ディバイスの加速的な進化と数の増加は、収集されるデータ量の莫大（ばくだい）な増加を意味します。今後、情報収集アセットが増大を続け、多様化する中で、データの経路となる通信環境の整備は不可欠です。

さらに、その処理については、情報専門家の能力だけでの対応にも限界があることから、人工知能の活用が早急に実現されるべきでしょう。

たしかに、先進技術の実装化、商業化、産業化を成功させるまでには、障壁としての「悪魔の川」と「死の谷」を渡り、「ダーウィンの海」を航行しなければなりません。悪魔の川・死の谷・ダーウィンの海とは、三井造船で複数の新規事業を立ち上げた出川通氏が、著書『技術経営の考え方』（光文社新書、2004年）で提唱した概念であり、新技術の事業化の過程における三つの難所のことを指します。「悪魔の川」は研究結果が製品開発プロジェクトに結びつける際の困難さ、「死の谷」は製品の開発から生産、流通、発売にこぎ着けるまでの困難さ、「ダーウィンの海」は市場での生存競争に打ち勝つ困難さのことです。

こうした困難が立ちはだかりますが、産学官の緊密な協力、連携をもって打破するという強い意志があれば、必ず実現できるはずです。環境未来都市（環境や高齢化などの課題に対応し、先導的プロジェクトに取り組んでいる都市・地域。2011年度に北海道下川町など11の都市・地域が選定された）[50]やユビキタスネットワーク（情報のデジタル化とネットワーク化がより高度に進んだ情報通信社会）において、産学官連携の成功例も報告されており、今後、イノベーションが求められる研究開発において、さらに重要性が高まるでしょう。

2　同盟国である米国やNATOとの協力

宇宙に係る攻撃は日米安保の対象

同盟国である米国は、東アジアの安全保障環境に係る認識を共有する中で、2011年には、宇宙やサイバー空間における日本との協力を共通の戦略目標として定めました。その後2019年、日米両国は、領域横断作戦における協力の重要性を確認すると共に、サイバー攻撃が日米安全保障条約第5条にいう武力攻撃に該当することを明らかにし、新たな領域における日米協力の礎石（そせき）を築き始めました。[51]

2021年3月3日、バイデン米政権が公表した国家安全保障戦略に関する暫定（ざんてい）指針において、米国は、同盟国などと協調、連携することで様々な安全保障上の課題を解決する姿勢を示しました。[52] その後、2021年4月16日の日米首脳共同声明や2022年1月の日米安全保障協議委員会（2＋2）でも、すべての領域を横断する防衛協力の深化を改めて確認しており、今後とも日米間で、サイバーや宇宙での作戦協力が順調に進むと思われます。

そして２０２３年1月、日米「２＋２」では、宇宙に係る攻撃は同盟の安全に対する明確な挑戦にあたるとして、一定の場合には、当該攻撃が、日米安全保障条約第5条の発動につながることを明らかにしました。既に、２０１９年にはサイバー攻撃が第5条の武力攻撃に該当することが明示されたことに続いて、今回、新たに宇宙領域における攻撃もその対象に加わることになったのです。

そもそも第5条とは、米国の対日防衛義務を定めた条項であり、日米安保条約の中核的な条文とされています。「日本国の施政の下にある領域における、いずれか一方に対する武力攻撃」に対して、「共通の危険に対処するよう行動する」とされていて、今回の合意によって、宇宙空間においても同盟としての強い絆（きずな）が確認されたことになります。

しかし、実際の第5条発動に際しては、我が国の「施政の下」にある「領域」において、いずれか一方に対する武力攻撃が生じることが必要であるとされる中で、本来、領域の概念が想定されない宇宙空間の位置づけについては、実際の解釈運用においては難しい判断が求められることになると思われます。今後は、その領域の解釈や事態認定の基準を巡って、日米間で事務的な協議や調整が続けられるはずです。その日米間の努力は、戦闘領域化しつつある宇宙から、平和的な宇宙アセットに対する脅威を排除して、安定的かつ持続可能な空間とすることへの両国の強い意志を対外的に印象づけることになるでしょう。

アメリカのアルテミス計画への協力

ここで、さらに長期的な視点から、日米両国による宇宙協力の方向性を考えてみましょう。2023年6月、平和的な日米宇宙協力における基本事項を定める「日・米宇宙協力に関する枠組協定」が正式に発効することになりました。このことによって、米国主導の有人月面探査「アルテミス計画」における日米協力を進めるための基盤が整備され、今後、安全保障面の連携を深める包括的な取り組みにつながることが期待されています。

2023年1月、この協定の調印式に同席した岸田総理は「日米は新たな時代に突入した。これまでになく強固な日米同盟の協力分野が一層広がることを強く期待する」と述べています。今後、日米両国は、宇宙空間の探査や輸送、科学技術などの共同活動を具体的に進めていくでしょう。

現在日本は、月面での活動を支援するロボットミッションで協力しており、月面探査車の開発にも取りかかっています。また、日本のH3ロケットにより、国際宇宙ステーションへの給油や物資補給が計画されています。さらに、火星以遠への深宇宙における宇宙活動を考えた場合、直接火星にロケットを打ち上げるよりも、月でロケットを組み立てて打ち上げたほうが効果的であり、月表面での多様な活動の展開が予想されます。日本やその他のパートナー諸国による協力分野はさらに広がっていくでしょう。

その背景には、中国やロシアが他国の人工衛星を攻撃し、その利用を妨げる能力を開発していることや、中国による独自の宇宙ステーションの建設などを通じた、宇宙覇権を獲得する試みを阻止する両国の思惑があることと考えられます。

2040年頃までに有人月探査や火星、金星などの惑星への深宇宙探査を目指す中国を念頭に置けば、[53]米国との安全保障協力を、低軌道（地上から200km〜1000km）や静止軌道（3万6000km）の限られた範囲で捉えるのでは不十分です。月（38万km）を超えて火星（7528万km）、そして太陽系全体に広がる広大な未踏の宇宙領域、いわゆる深宇宙（地球からの距離が200万km以上の宇宙）までに拡大していくという長期的かつ遠大な戦略が必要となるでしょう。

パートナー国などとの協力：NATO

2023年7月、ビリニュスで行なわれたNATO首脳会合において、ストルテンベルグ事務総長は「安全保障は地域的なものではなく、世界的なものである」と述べて、インド太平洋地域との協力の重要性を指摘しました。その言葉通り、同首脳会合に参加した岸田総理は、日本とＮＡＴＯの新たな協力文書である「国別適合パートナーシップ計画（ＩＴＰＰ）」に合意し、より高次元の日・ＮＡＴＯ関係の構築に踏み出すことになりました。

ＩＴＰＰは２０２３～26年の４年間を対象としており、「日ＮＡＴＯ協力を新たな高みへと引き上げるために策定された」（外務省）ものです。その協力の中心にあるのが、宇宙、サイバー、偽情報などの新領域における運用面での協力であり、新興・破壊的技術（ＥＤＴｓ）の研究開発への共同の取り組みです。

既にＮＡＴＯは、２０１９年６月の国防相会合において独自の宇宙政策を採択し、同年12月のロンドン首脳会合において、宇宙を陸、海、空、サイバー空間と並んで５番目の作戦領域として位置づけました。さらに２０２１年のブリュッセル首脳会合では、宇宙空間への攻撃が、ＮＡＴＯの集団防衛条項（第５条）を自動的に発動する可能性について示唆しました。その一方で、そのような攻撃がいつ第５条の発動につながるかについての決定は、状況次第であり、北大西洋理事会（ＮＡＣ）の決定によって行なわれるとしました。あえて明確な発動の基準を示さないことで、相手の不法行動を抑止するための戦術とも考えられます。

またハイブリッド攻撃が、国民生活の基盤となる重要インフラへの重大な被害を生じさせ、軍事同盟としての活動基盤が脆弱化することへの危機感は高く、国境を越えるような脅威に対しては、積極的にパートナーシップを活用することを明らかにしています。

「はやぶさ」などの技術に高い関心を持つNATO

グローバルな安全保障上の課題への高い関心を有するNATOは、2022年6月には、「気候変動と安全保障上の影響評価（Climate Change and Security Impact Assessment）」と題する報告書を公表し、気候変動の影響へも積極的に取り組んでいます。そして、軍事同盟としてのアプローチとして、商業衛星と軍事衛星を組み合わせ、海洋温暖化や砂漠化などの気候変動の影響を追跡しながら、地上・海上における軍事的な状況監視能力の向上を、共通の宇宙アセットで実現することを検討しています。

これは各種衛星によって、域内の治安上の大規模な騒乱や混乱が起きるのを監視することに加えて、気候変動の影響により住むところを追われた人々の移住傾向などを予測することにも役立てようとしているのです。それは、人工衛星から得られる観測データを軍民両用（デュアルユース）情報として活用する流れを加速化することにつながります。[54]

既に米軍でも、気候変動の影響に対する軍隊の適合の一環として、高度な観測衛星センサーや低コストの気象衛星を積極的に活用するための検討と準備が進んでいる中で[55]、日本としても、宇宙分野でのＮＡＴＯとの具体的な協力の検討を急ぐべきではないでしょうか。

ＮＡＴＯと締結したＩＴＰＰにおいても、人工知能や量子技術などの軍隊に革新的な防衛イノベーションを引き起こす触媒となる新興・破壊的技術（ＥＤＴｓ）が、新たな安全保障課題として挙げられ、その科学・技術について協力の拡大対象として明記されることになりました。日・ＮＡＴＯ双方にとって、安全保障協力の大きな柱の一つとして、宇宙技術協力が大きな焦点となることは間違いないでしょう。ＥＤＴｓは人工知能（ＡＩ）、自律システム、量子技術などの先進的なテクノロジーを意味し、既存の世界システムを大きく変える可能性を秘めています。その一方で、ＥＤＴｓはリスクとチャンスの双方をもたらすことから、その対応については大胆さと共に、慎重さも求められます。

その考え方に基づけば、日本における先進的な宇宙事業における産官学の連携、協力の枠組みを、欧州地域にまで広げていくことは、大きな検討課題となりそうです。例えば、ＮＡＴＯは、日本が独自に開発したナビゲーション衛星である準天頂衛星システム「みちびき」（ＱＺＳＳ）や小惑星探査機「はやぶさ」に対して、技術協力の観点から強い関心を持っています。[56]

準天頂衛星システム「みちびき」について、簡単に説明しましょう。通常の静止軌道と呼ばれるものは、赤道上空高度約3万6000㎞に存在し、そこを通る人工衛星は地表面に対しほぼ静止して周回します。その軌道を斜めに傾け、日本の真上を通る軌道にしたものが準天頂軌道です。

2017年から運用が開始された準天頂衛星システムでは、複数の人工衛星を準天頂軌道で周回させることで、常に1機の人工衛星が日本の上空に滞在するようにしています。その人工衛星が、電波を発信して対象物の位置を計算します。そのため、このシステムのことを日本版GPSと呼ぶこともあります。

これら日本独自の発想と技術に基づく、世界が注目する宇宙分野で主導的に技術協力を進めることは、日本にとって国際協調的な安全保障の実現という点からも大きな意義があると考えられます。

3　安保関連三文書から見る日本の宇宙防衛戦略

２０２２年12月16日、日本政府は、新たな国家安全保障戦略、国家防衛戦略及び防衛力整備計画の３つの文書の閣議決定を行ないました。それは日本が、ロシアによるウクライナ侵攻に象徴される武力による一方的な現状変更の試み、北朝鮮や中国による核・ミサイル能力の強化など、歴史的な安全保障環境の転換点を迎えて、より具体的かつ実践的な安全保障体制の強化を決意したことを意味しています。

そして、同日行なわれた記者会見において、岸田総理は新たに強化すべき能力として、宇宙・サイバー・電磁波などの新たな領域（新領域）への対応能力、経空脅威に対する反撃能力、中国の脅威を意識した南西地域の防衛能力に言及しています。[57]では、そこから日本として、どのような宇宙防衛戦略が描けるのかを考察しましょう。

新領域への対応

サイバー、宇宙、認知領域などを含めた領域横断的な作戦や、軍事的手段と非軍事的手段を組み合わせたハイブリッド戦争が世界に敷衍（ふえん）しつつあるという戦略環境の変化に対して、その対処のための新たな作戦計画が求められています。現実空間と仮想空間の接続性が高まり、その境界がより曖昧となる中で、作戦領域をマルチドメイン（全領域）として捉え、領域間を境目なく（シームレス）に戦うことが求められています。

シームレスな戦いは、陸海空という国家的な領域にこだわって戦うのではなく、戦域をサイバー、宇宙などの新領域を広く捉えて戦うことで、ハイブリッド戦にも対応できる態勢を整えることが前提となります。その背景には、戦いの火蓋がサイバーや宇宙空間から切られる可能性が高まり、その対応への防衛態勢の転換が求められていることがあります。

さらに、新領域に係る脅威は技術の飛躍的進歩と時間経過に伴ってより顕在化し、重大化してゆく中で、民生部門や市民生活に対しても直接的かつ深刻な影響を与えることから、その防衛対象も広がっています。

そのため、ＩＣＴなどの高度な技術に裏付けられた新領域作戦が、地理的制約の影響を受けず、時間的にも非常に短い時間軸の中で行なわれることに鑑（かんが）みて、既存の地域的・機構的な枠組みを超え、同盟国、パートナー国との連携、協力関係を深化することがより重要性を増したのです。幸い、２０２２年12月に策定された防衛力整備計画において、新領域における対処能力を強化することが明らかにされており、日本は横断的な対処態勢の構築と併せて、パートナー諸国との包括的な宇宙パートナーシップを強化する基盤を整えつつあります。

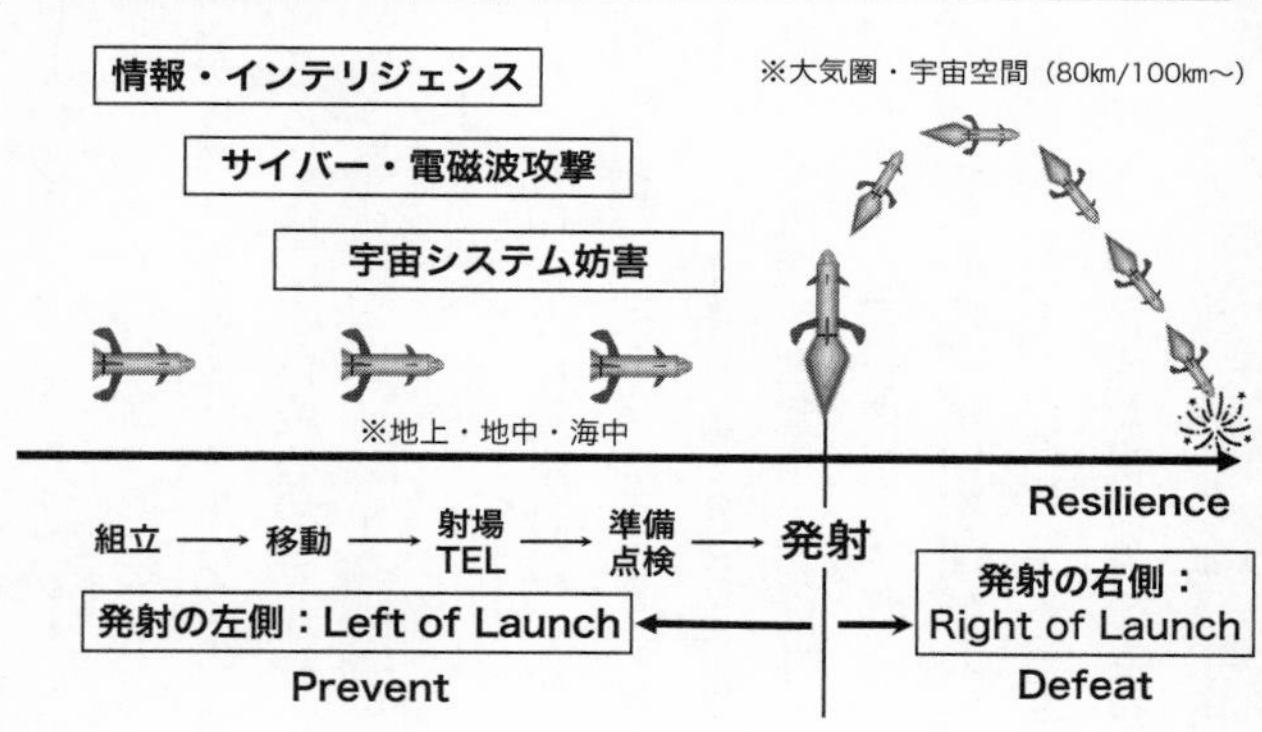

経空脅威に対する反撃

敵の射程圏外からミサイルを発射する「スタンド・オフ防衛能力」は反撃能力の一つとして位置づけられ、その能力は統合防空ミサイル防衛（Integrated Air and Missile Defense：ＩＡＭＤ）の重要な構成要素になっています。現在の経空脅威は、ミサイルの長射程化に加えて、迎撃することが難しい変則的な飛翔軌道を取るなど、急速な進化を遂げています。世界は、従来の弾道ミサイル防衛（ＢＭＤ）では対応が難しいという現実に直面しています。

これらの脅威の変化を受けて、日本でも、発射される前段階、いわゆる「発射の左側（Left of Launch）」における脅威の破壊、または無力化の重要性が強く意識されるようになっています。その実現に向けて、攻撃目標の設定（ターゲティング）に係る包括的なインテリジェンス能力の向上や、組織的な反撃のための指揮統制（Ｃ２）システムの整備が喫緊の課題になっています。それは、宇宙空間からの、弾道ミサイルなどの状況を可視化するための画像認識、リモートセンシング技術、さらにはその脅威分析を速やかに実施するための人工知能（ＡＩ）、量子計算、自律機能などの新興・破壊的技術（ＥＤＴｓ）を、ＩＡＭＤシステムに実装化させる動きに結びついています。

また、このような経空脅威の急速な進化に対して、弾道ミサイルなどが発射された後の「発射の右側（Right of Launch）」における迎撃手段として、米国が低軌道に多数配置される（ＰＬＥＯ）人工衛星群（constellations）による宇宙センサーシステム、弾道ミサイル発射直後における破壊・迎撃用の指向性エネルギー兵器（レーザーやマイクロ波、粒子ビームのようなエネルギーを目標に照射してダメージを与える遠隔兵器）の開発を急いでいます。

それは将来的に、宇宙空間において、超高速、大容量、多接続、低遅延を特徴とする情報通信技術（ＩＣＴ）の進化によって、あらゆるものがインターネットにつながる宇宙ＩｏＴの中で、地上の警戒監視機能を支援する能力が宇宙システムに付加されることを予期してのことです。陸海空のみならず、宇宙・サイバー・電磁波という新たな作戦領域を組み合わせる流れの中で、主に領域外から空を経由して飛来するあらゆる脅威を破壊もしくは無力化するＩＡＭＤ（統合防空ミサイル防衛）において、宇宙空間の重要性がより高まっていることは明らかです。

例えば、ＨＧＶと言われる極超音速で飛来し、途中で軌道を変更するような新たな経空脅威に対して、情報、探知、追尾、要撃（ようげき）に至るすべての過程で、宇宙システムの果たす役割は欠かすことができません。今後も、脅威の多様化と複雑化に応じて、既存の地上防衛アセットだけで対処することは困難とされる中で、新たな作戦領域としての宇宙空間の重要性は増大し続けることでしょう。

日本政府も現在、衛星コンステレーションや情報収集衛星などによる情報収集、安全保障用通信衛星の多様化、衛星測位機能の強化などを図ることで宇宙システムから得られる脅威情報（データ）をより効率的に活用しようとしています。情報収集衛星とは、１９９８年の北朝鮮による弾道ミサイル「テポドン」の発射をきっかけに導入され、現在も安全保障や大規模災害対応などの危機管理に貢献する偵察衛星です。

南西地域の防衛

日本の防衛で注目を集める南西諸島地域は、全長が約１２００kmにも及ぶ広大な地域であり、その防衛の基幹となる自衛隊の部隊が当該地域に十分配備されているとは言えない現状にあります。そのため防衛省・自衛隊は、与那国島（よなぐにじま）、奄美（あまみ）群島などへの新たな部隊の配備を速やかに進めています。

しかし、このような広大な警戒監視においては、地上の情報収集アセットでは能力的な限界もあることから、宇宙からの衛星による画像や観測データの活用への期待が高まっています。特に、人工衛星センサーの活用によって、この広大な地域の可視化が実現することは、脅威の評価と対処における防衛能力を向上させることにも結びつくはずです。

変化の激しい作戦地域の現況を確認するために、観測すべき事象が発生してから実際に観測を始めるまでの時間を可能な限り短縮するために、即応型の小型衛星の打ち上げ態勢の整備も不可欠です。

その一方で、南西地域やその島嶼部（とうしょぶ）において、武力による現状変更を図る事態が生起し、それが長期化することになった場合、その物理的な距離の遠さから、後方補給や作戦支援の態勢に不安を隠せないのは事実です。その場合、豪州、ニュージーランド、韓国などのパートナー諸国と共に、弾薬や装備品の共通化を推進し、有事を想定したサプライチェーンの強靭化を図ることを考えておくべきでしょう。

さらに、デュアルユース技術による半導体や高性能部品などに対して、多国間の連携体制を維持しておくことは、長期的な作戦能力を保証する上でも重要なことです。そのため、宇宙能力を通じた技術協力やサプライチェーン構築が、先進技術全体に波及するような包括的な協力体制に結びついていくよう努力すべきです。

4　宇宙抑止の時代へ

国際協調による宇宙抑止

抑止とは、「相手が受け止めることができないほどの有効な反撃が行なわれるという恐怖心を相手に与え、その敵対行動を挫折させる措置」であり、事前に相手に非物理的な影響を与えることによって、攻撃行動を取らせない「意思の対立の技術」です。[58] そこでは軍事力だけでなく、政治、経済、外交などのあらゆる国の力が最大限発揮されます。宇宙空間には、スペースデブリを多数発生するような攻撃を強行する国家が存在することに加えて、開発優位性を確保するための国家間の競合が生じるなど、様々な問題や課題が顕在化しつつあります。その中には、従来の国際宇宙法や国際規範などでは対応が困難なものも多く含まれます。

そのため、国際公共財に係る価値観を共有する国々が、宇宙における不測の事態に対して協調して対処することに加えて、多様化し、深刻化する宇宙の事態を未然に防ぐための抑止の考え方が求められるようになっているのです。

「宇宙抑止」の4タイプ

一般的に、核兵器の出現によって軍事戦略の中核をなすようになった抑止の概念とは、相手がその目標を達成することを阻止する能力を持つことによって実現する「拒否的抑止」と、相手が耐えられないような攻撃を加えるという威嚇によって、その行動を制限するという「懲罰的抑止」が成り立っています。その上で、対象国を特定して、その行動に否定的な影響を及ぼすような直接的な抑止と、経済安全保障の体制を整えたり、そもそも敵対的行動

「宇宙抑止」の４タイプ

	直接的	間接的
拒否的抑止	① ・抗堪性（レジリエンス） 脆弱性の排除	② ・国際規範・規則 ・パートナーシップ ・認知戦
懲罰的抑止	③ ・日米同盟（第５条適用） ・攻撃力（非物理的） スタンド・オフ攻撃能力	④ ・サイバーセキュリティ ・電磁波攻撃 ・経済安全保障 サプライチェーン 機微技術

が起こり得る環境を生じさせないようにしたりする間接的な抑止が関係します。

日本は、先進的な両用（デュアルユース）技術を積極的に取り込み、産学官の連携、協力の下で、宇宙システムの脆弱性を排除し、独自の宇宙能力を向上させることを通じて、攻撃に対する抗堪性（こうたんせい）（レジリエンス）を獲得することが、直接的な拒否的抑止につながります。

また、パートナー諸国との協力関係を強化し、有志国の中で、国際的な規範やルールを策定し、それを広げていくことも、拒否的抑止を間接的に補強することになるでしょう。

さらに、宇宙システムへの攻撃の可能性に対して、日米安保条約第５条の適用を改めて対外的に確認し、日米両国による軍事的反撃の威嚇を相手に認識させることで、その行動をとどまらせるという、直接的な懲罰的抑止の実現を図ります。

その中には、宇宙空間における相手の宇宙システムに対する、指向性エネルギー兵器や電波妨害装置などを用いた非物理的な攻撃に加えて、地上の宇宙アセットに対する遠距離からのスタンド・オフ攻撃が含まれます。その他に、宇宙システムの脅威となるサイバーや電磁波に関する攻撃的な能力を備えること、また経済安全保障の視点から相手国に依存しないサプライチェーンの構築やＥＤＴｓに関わる機微技術の流出阻止は、相手の宇宙システムの脆弱性を相対的に増すことにつながり、間接的な懲罰的抑止の効果を上げることになります。

これらの段階を経ながら、宇宙に関わる脅威を確実に排除することによって、本来の国際公共財としての位置づけを復活させ、安定した持続的空間として保証することが求められています。そのためにも、自国の努力に加え、同盟国、パートナー国との協力を積極的に促進し、効果的な宇宙の抑止態勢を構築することこそ、宇宙防衛戦略の中核となるべきです。

第五章

軍隊が取り組む地球環境問題

1　環境問題の評価・緩和・適合

2023年7月、世界で最も平均気温の高い1ヶ月が観測される中、米国、中国、北アフリカ、中東、欧州では、異常気象と見られる猛暑や熱波が猛威を振るいました。地球温暖化による気温上昇は、旱魃（かんばつ）、森林火災、豪雨に伴う甚大な被害を生み出すばかりでなく、海面の上昇、極地の氷の融解、台風やハリケーンの多発、生物多様性の喪失など、より深刻な事態を招きつつあります。

国際社会全体で、これ以上の温暖化を防ぎ、さらに異常気象の激化を抑えることは、生態系の存続にとって喫緊の課題であることは間違いありません。そのためには、現代を生きる我々は、現在の気候変化を異常気象として右往左往するのではなく、その影響を正確に「評価」し、早急に「緩和」し、円滑に「適合」することが求められています。

評価——生身の人間への強いストレス

2021年8月9日、国連の気候変動に関する政府間パネル（IPCC）は、地球温暖化に関して最新の科学的知見を評価し、その結果をとりまとめた第6次評価報告書（AR6）を公表しました。IPCCは、気候変動に関連する科学を評価するための国連機関であり、1988年に国連環境計画（UNEP）と世界気象機関（WMO）によって設立され、気候変動の影響とそのリスク、さらにその適応と緩和戦略を提唱しています。そのIPCC AR6は、人間が地球温暖化に及ぼす影響は「疑う余地がない（unequivocal）」と断定し、「人為的な（human-induced）」気候変動が、大気、海洋、氷雪床、生物圏の広範囲で急速な変化を生じさせると指摘しています。

今回、地球温暖化における人間の影響の可能性が指摘された前回のAR5（第5次評価報告書、2013年）からさらに踏み込んで、極端な気候事象の直接的な原因として人間の活動が挙げられたことは、国際社会に大きな衝撃を与えることになりました。

またIPCC AR6では、過去数十年にわたって温室効果ガス排出量を削減する国際社会の努力が完全に不十分であった事実を認め、人類が脱炭素化を大胆かつ着実に進めない限り、現在の地球温暖化や気候変動を緩和できないという強い危機感が示されました[59]。インガー・アンダーセン国連環境計画事務局長も「気候変動は今ここにある問題であり、誰も安全ではない。そして、それはより急速に悪化している」と警鐘を鳴らして、さらに踏み込んだ取り組みが早急に実施されることを求めています。[60] しかし、短中期的には人為的な温室効果ガス排出によって、気候システムや生態系が「転換点（tipping points）」[61]を既に超えている可能性があることから、直ちに気候変動の影響を排除することは困難とされています。今後数百年から数千年にわたって、人類は、未曾有の環境変化が続く地球で生存し続けなければならないようです。[62]

このように気候変動の影響が不可逆的であり、その深刻化が避けられない状況の中で、米国では2021年4月、オースティン国防長官が、気候変動を実存的脅威と位置づけ、海外駐留部隊を含む全部隊に対して気候変動の評価を命じています。その背景には、気候変動の影響がより顕著になる中で、野外での活動を基本とする軍隊が、環境ストレスへの脆弱性（vulnerability）に直面する場面が増えることが免れず、より高いレベルの環境レジリエンス（抗堪性）が不可欠になるという現状認識があります。

実際に、気候変動に起因する劣悪な環境下において、活動する生身の兵士には、精神面や肉体面で多大なストレスがかかることは間違いなく、異常気象による気温上昇や空気密度の変化、さらには海洋環境の変化による塩分濃度の上昇によって、陸海空における装備品の正常な運用も阻害される見込みです。[63] 加えて、気候変動による海面上昇は、軍事基地や関連施設の水没につながり、作戦運用に直結する滑走路やインフラなどの戦力基盤を喪失させる事態を招きかねません。

同様の問題認識を共有するＮＡＴＯも、「気候変動と安全保障上の影響評価（Climate Change and Security Impact Assessment）」を根拠に、軍事組織としての資産、施設、任務、作戦に対する気候変動の影響を可視化する試みに取り組み始めました。軍隊にとって、気候変動の影響を緩和し、それに適合する方法と手段を導く上でも、いかなるストレスや障害が発生し、軍隊の任務遂行にどのような影響を与えるのかを可視化すべく、客観的かつ科学的な評価が欠かせないと見られています。

緩和――軍隊のCO_2排出量を削減する試み

現在世界は、気候変動枠組条約の最高意思決定機関である「締約国会議（Conference of the Parties：ＣＯＰ）」を通じて、二酸化炭素（CO_2）など温室効果ガス（ＧＨＧ）の排出削減に係る政策を大胆かつ積極的に進めるために、試行錯誤を繰り返しています。

気候変動の緩和とは、地球温暖化の原因となるＧＨＧの大気中への排出を全体的に減らすことを指します。[64] ＧＨＧの代表的なものは、二酸化炭素であり、主に化石燃料（石炭、石油、天然ガスなど）を燃焼させると発生します。緩和の要訣は、二酸化炭素を排出しないとされる再生可能エネルギー（太陽光・風力・地熱・中小水力・バイオ燃料）の利用を拡大することに加えて、消費するエネルギーの効率化を図ることにあります。

その一方で、20世紀後半以降、軍隊による世界的な化石燃料の消費量は大幅に増加しつつあります。特に、戦闘機や大型輸送機を運用する空軍、大型艦艇を有する海軍が、他の軍種に比して、大量のガソリン、ディーゼル、ジェット燃料を消費しています[65]。また、作戦運用に係る長距離の移動や輸送に関するものがＧＨＧ全排出量の大半を占めており、基地や駐屯地などから排出されるＧＨＧは３割程度ということがわかってきています。

これまで、軍隊のＧＨＧ排出に関しては、国際的な説明責任、報告義務などに関する合意がなく、軍の排出量の監視と削減の優先順位も低かったため、その状況を把握することは困難でした[66]。ですが、２０１５年にパリで開催されたＣＯＰ21において、気候変動に関する２０２０年以降の新たな国際枠組みである「パリ協定（Paris Agreement）」が採択され、軍事的な免除が撤廃されたことによって、その流れは変わりました[67]。世界規模でのＧＨＧ排出削減に向けて長期的、戦略的な貢献が求められる中、主要なエネルギー消費主体としての軍事組織においても、その影響への緩和に関する具体的な対処の取り組みが始まることになったのです。既に米海軍では、大型輸送機や空中給油機が作戦機の中で最大の温室効果ガス排出源であることを考慮して、低炭素な給油ドローンを利用した空中給油についての検証を進めています。[68]

これまで、地球温暖化の元凶である二酸化炭素を多く排出する化石燃料は、軍隊の戦闘能力にとっては、作戦や行動に必要不可欠なエネルギー源であり続けたことは間違いありません。[69] その一方で、イラクやアフガニスタンでの対テロ作戦においては、作戦のための化石燃料の確保と使用の際に、多くの関係者に犠牲が生じたのも事実です。[70] 米軍内でも、汎用で信頼性の高い化石燃料に依存せざるを得ない状況が長らく続く中で、燃料補給に関する犠牲者を出さないという視点から「軍隊を燃料の束縛から解放する（"military must be unleashed from the tether of fuel."）」[71] タイミングが待たれていたことは間違いありません。軍隊が、化石燃料への依存から脱却し、太陽光、バイオ燃料、水素燃料電池などの代替エネルギーを中心とする態勢への移行を加速させることが、長らく懸案だった軍の燃料活動の脆弱性を解決するきっかけになるかもしれません。

気候変動の影響が深刻化する中で、軍隊は、その影響の緩和に貢献しつつ、より持続性の高い戦闘能力を構築するという新たな課題に直面しています。軍隊が、化石燃料から再生可能エネルギーへの転換、代替推進システムの開発、燃料効率の改善、無人戦闘プラットフォームの導入、仮想環境を用いた演習や訓練の実施などを通じてGHG排出を低減しながら、前向きに気候変動の影響に対するレジリエンスの強化を図ることが、緩和を達成する鍵になるからです。

適合――フランスの強化型兵士

軍隊は、その任務の特殊性から非代替性の強い実力組織であり、気候変動によって劣悪化する作戦環境下においても、勝手に付与された任務を中断し、放棄することは許されません。前述した通り、気候変動による影響は、極度の高温や豪雨、砂嵐などの異常気象という形で、部隊や個々の兵士に襲いかかり、海面上昇による基地の水没、滑走路や基地施設の損壊など、戦力発揮基盤を喪失させるまで激甚化することが予想されます。

そのため軍隊としては、常時、気候変動の負の影響を極小化して、正常の作戦運用体制を維持し、任務を全うすることが求められています。その中で、フランスにおいては、技術の進化によって兵士の身体及び認知能力を向上させる「強化型兵士（Soldat Augmenté）」に関する様々な議論が行なわれ[72]、生物学的見地から、気候変動の影響下における兵士の環境耐性能力を改善する動きが始まっています。[73] 改造人間たるターミネーターのような機械戦士を作るのではなく、過酷な気象環境の中でも、兵士が人間としての尊厳を保ち、任務を遂行し得る環境を整えることを目的としたものです。

フランスにおける兵士の強化改造技術の倫理的問題の検討は、防衛倫理委員会において1年半続き、2020年12月、兵士の心身を強化改造する技術の研究開発を認める意見書が提出される中で、強化型兵士が受け入れられました。[74] その意見書の中では、ストレスを管理する薬物の開発、手術や薬物の投与による夜間視力の強化技術の開発などが、具体例として挙げられています。

その一方で、気候変動の影響に対するレジリエンスに対して、既存の兵士や人員が搭乗する装備品では一定の限界があるとすれば、軍事・民生双方に適用可能なデュアルユース技術を用いたAI、ロボット、無人化などの先進技術を実装化させ、気候変動の影響への耐性をさらに強化した装備開発が急がれるところです。それは、小型、軽量、そしてエネルギー効率にも優れるドローン技術などを積極的に導入し、装備品の無人化を推し進めると共に、AI搭載の自律化された装備品が従来の化石燃料依存型の装備品に代わることに結びつくでしょう。

2 宇宙を通じた気候変動対策

宇宙システムを組み合わせた気候変動対策

従来、気候変動の影響に対する緩和と適合は、異なるものと考えられてきました。それは、緩和が、温室効果ガスとしての二酸化炭素の排出を削減することを主体とした、気候変動の原因への取り組みである一方、適合は、不可逆的な気候変動の結果に対して、人間の生活をどのように合わせていくのかという異なるアプローチを取るからです。

しかし近年、温室効果ガス排出量の削減と気候レジリエンスの強化を同時に達成する発想が、軍隊の気候変動への取り組みの中でも見られ、これらに宇宙システムを組み合わせることによって、より効率的かつ効果的な気候変動対策に結びつくことが期待されています。軍隊が、巨大なＧＨＧ排出主体として、その削減への取り組みを開始する一方、その取り組みの過程で先進技術を取り入れ、軍隊としてのイノベーションを促進する契機として活用し、組織として、その影響への適合を図ろうとしているように見えます。

宇宙システムへの依存を深める軍隊が、宇宙の安全保障への取り組みを強化する中で、いかにして、緩和と適合を融合した対策を実現し得るのかを考えてみたいと思います。

リモートセンシング技術の活用

気候変動の影響を評価するために、地球上の多くの地点で温室効果ガス（ＧＨＧ）の濃度が観測されています。これまでは、その観測を高精度化するために、採取した大気の直接測定が行なわれてきましたが、全地球レベルでの状況を掌握することは容易ではありませんでした。

しかし、離れたところから物体の形状や性質などを観測する「リモートセンシング」技術の進化によって、直接測定に迫る精度が実現し、地球規模の正確なＧＨＧ観測を実現するに至りました。人工衛星による地球大気の「見える化」が進むことになり、他の衛星画像、地上観測などのデータ・ソース（提供元）と組み合わされることによって、気候変動の影響をより正確に掌握し得ることに結びついたのです。

さらに、これらの収集されたデータがデジタル化され、集積されることによって、監視対象全域のデータベース化も急速に進むことが期待されます。最終的には、これらのデータベース化を通じて、仮想空間上に現実をコピーする、すなわち気候変動が影響を及ぼす領域のデジタルツイン（双子）化が実現するでしょう。このデジタルツイン化された仮想空間における重要課題のモデリング・シミュレーションを通じて、気候変動への影響の評価、緩和、適合について様々な試行や検証を行ない得る環境が整備されていきます。ここで言うモデリング・シミュレーションは、様々な問題をデジタル的にモデル化し、検証および理解することを通じて、複雑なシステムをよりよく理解し貴重な解決策案を導き出す手法のことです。

現在、軍隊は宇宙システムを活用して、安全保障・軍事面での警戒監視能力の向上を図りつつありますが、宇宙から監視、収集される情報データを通じて、気候変動の影響を受ける地球環境の客観的状況を掌握し、地域社会の脆弱性評価に貢献していくでしょう。[75]

例えば米軍は、1987年以来、40回以上の山火事に伴う災害派遣活動を行ない、空軍輸送機（C－130）を消火活動に参加させるなど、組織的な対応を続ける一方で、軍事衛星を大規模な山火事の警戒監視に使用することの検討を開始しています。[76]今後、激甚化する気候変動の影響への適合や緩和のために軍隊の関与が不可欠となる中で、軍隊としては、宇宙アセットにより収集、集約され、デジタル化された観測データを用いて、気候変動の影響への対処と、宇宙からの警戒監視という両用任務を、効率的かつ効果的に遂行していくことが期待されます。

さらに、観測衛星により得られたデジタル情報から、ＡＩによる深層学習を通じて変化分を常続的に検出し、将来動向の予測に活用することが実現できれば、気候変動の影響による地球環境の変化を正確に予測することができ、国民の生命、財産の保護や生物多様性の保全を先行的に図るための努力を支える力になります。

また、気候変動の影響下を想定した、陸海空という戦闘の従来領域と新領域（宇宙、サイバー領域）を有機的に結合させたマルチドメイン（全領域）の作戦に関わるＴＴＸ（机上演習）やウォーゲーム（シミュレーション分析）の活用も加速することでしょう。それらは、国家の宇宙システム資源を有効に最大限活用するという観点から、貴重な宇宙アセットの重複（duplication）を排除し、他の重要領域に対する国家資源の再配分に結びついていきます。

宇宙代替機能によるエネルギー効率化

気候変動の影響に対する、緩和と適合を同時に図る軍隊は、ＧＨＧ排出の大きな原因となる軍隊機能のエネルギー転換を図り、ＡＩの導入に伴う無人化・省力化、小型軽量化による経済性の向上、燃料転換による気候レジリエンスの強化を積極的に進めることが求められています。

その際に、軍隊のＧＨＧ排出量が多い分野、特に、空中や海上における飛行や移動を伴う作戦行動を、軍用機や作戦艦艇などの既存のアセットから、宇宙システムの衛星などのアセットへと代替することが不可欠です。それは、全地球的な情報収集、警戒監視システムを宇宙空間に構築し、大型機を用いる空中指揮統制システムを廃止し、宇宙システムに転換させることです。それらの代替措置は、軍隊としての必要機能を保持したまま、ＧＨＧ排出源となるアセットを排除することにより、効率性と安全性を確保しながら、気候変動の影響への緩和と適合を推進させることを加速します。

宇宙への移住

現在の気候変動や異常気象が、人間由来であると考えるのであれば、人類は、その存続を地球上で続ける限りにおいて、当面の間、気候変動の負の影響から逃れることはできないでしょう。実際に、SpaceX社の創業者であるイーロン・マスク氏は、人類の火星移住計画の実現を目指しているとされ、その計画実現へ向けての努力を続けています。現時点で、宇宙空間への大規模な人類の移住は現実的ではないかもしれませんが、米国を中心とするアルテミス計画、中国の嫦娥（じょうが）計画においては、月面の資源探査と長期的な滞在計画が目標として掲げられ、宇宙への人類の移住の実現可能性も見え始めています。

その一方で、人類が安心して宇宙での移住を実現するためには、宇宙領域における危機管理や紛争処理の観点から、安全保障上の取り組みも同時並行で進められることが必須であり、戦闘領域化する宇宙空間から人為的な脅威を排除する流れの中で、人類の宇宙移住に伴う安全確保に関して、軍隊にその責任が与えられることも考えられます。そのことは、宇宙空間における民生レジリエンスの強化が、軍隊の新たな任務の一つとして付与され、その対応を具現化する努力を軍隊として始めるべきことを示唆しています。

第六章

SFプロトタイピングが開く未来

1　SFプロトタイピングとは

未来予測が難しい時代

日本では、革新的な先進技術の社会実装を進めることで、サイバー空間（仮想空間）とフィジカル空間（現実空間）を高度に融合させたシステムを実現し、さらに、経済発展と社会的課題の解決を両立する人間中心の社会を作る「Society 5.0」への取り組みが続けられています。それは、社会の利便性を大いに高めることに結びつきますが、時に、技術の発展スピードが指数関数的な上昇カーブを描くことによって、[77]人類が予期し得ない世界に直面する可能性を高めています。例えば、人工知能（ＡＩ）はその実現に数十年かかると言われてきましたが、多くの研究者や予算が集中的に投入されることで、人間進化をはるかに超えるスピードでその実現と実相化がなされています。

そのことは、人間が時代の変化の速さへ適合するために、より短期的な考えや利益を基準として物事を判断し、行動に移す傾向を招いています。そのような環境においては、長期

指数関数的に進歩する人工知能（AI）

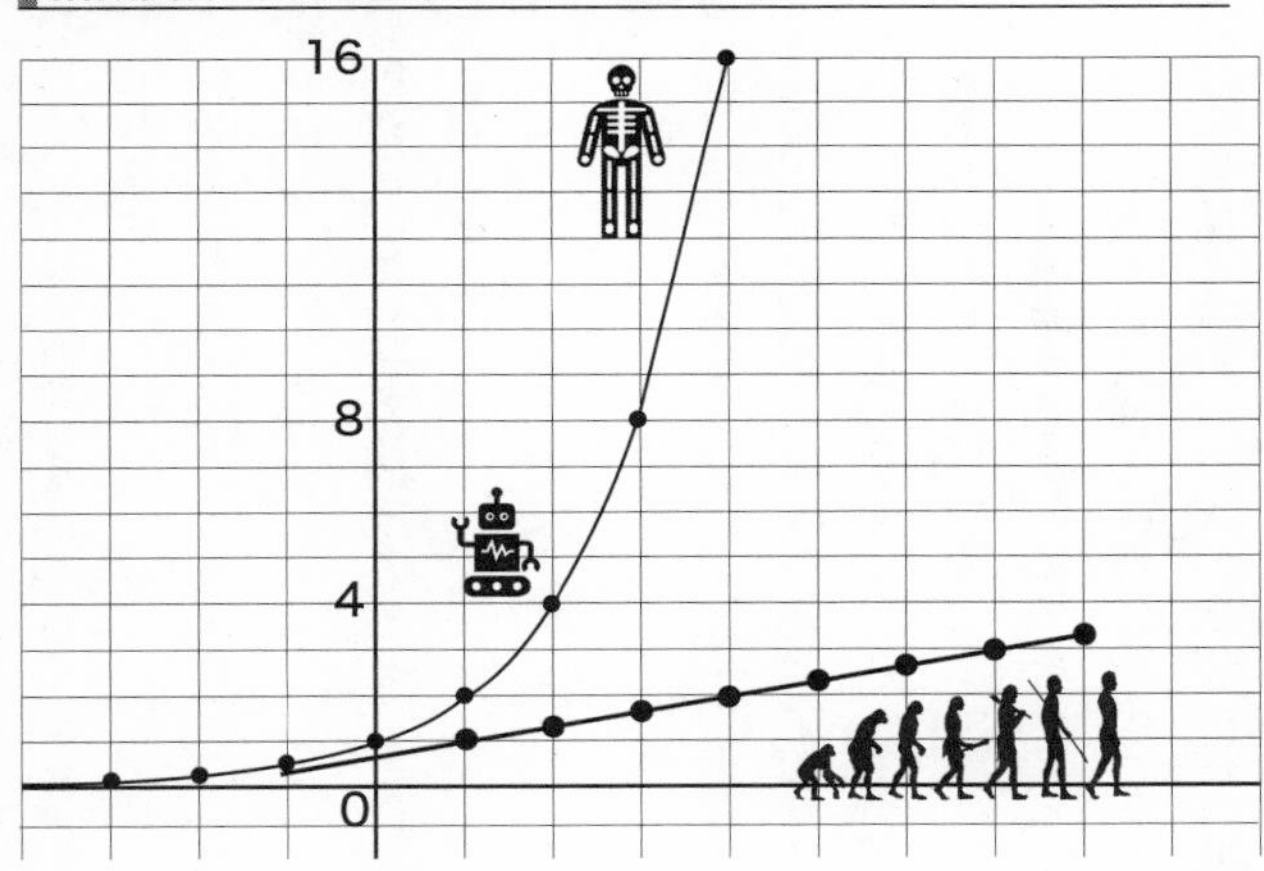

的、戦略的な思考や考えは疎（うと）んじられるように思います。しかし、急激に変化する人類の未来に先行的に対処すべく、遠い未来を見通す力と、その未来の問題解決に向けての課題の設定力、そして、その問題を乗り越えるためのプロセスの重要性は、かえって高まっているのではないでしょうか。

ＳＦプロトタイピング
——未来を可視化する試み

ＳＦ（空想科学）は架空の世界であり、読者に対して、未来に取り組む高い視座と独自の視点を提起し、主体的に行動するためのフレームワークを提供します。その未来が、客観的なものではないとしても、ＳＦは、人々を主観的立場に導き、当事者意識を高めることを通じて、未来の課題を解決するための動機づけとなるかもしれません。

読者はSF空間に没入することによって、複雑で定まらない要因を抱える未来の断片を浮き彫りにし、それをコンバージェンス（収斂、収束）させ、不測の事態に対応し得る柔軟性、創造性、俊敏さを醸成させることになるでしょう。この行動手法は、一般的にSFプロトタイピングと呼ばれ、具体的には「現実の科学技術に基づいて創作された短編小説、映画、コミックを通じて未来予測を行ない、その未来に向けて行動を起こすこと」と説明されます。[78]

このプロトタイピングは、技術の進化や、戦略の変化、同盟のあり方などの様々な要素を踏まえて、環境変化の兆候や地政学的リスクなどの未来へ向けての考慮事項を抽出し、それを組み上げて、未来を試作（プロトタイプ）することを最終目的としています。未来を可視化する試みであり、既に習得した知識や体得した経験に基づいて、洞察と先見性をもって、その行く末を俯瞰することに他なりません。そして、そのプロトタイプのストーリーについて、多くの人々に共通の疑似体験を行なわせ、それらを共有することを通じて、人類として共通の未来像を持ち、将来の変化に適合し得る環境を整えてゆくことが期待されています。

そのためＳＦプロトタイピングでは、読者をプロトタイプ空間に没入させるためのストーリー展開が最も重要だと言えます。場合によっては、幾つかの異なるストーリーに枝分かれし、複数の未来図が描かれることになります。しかし、それは、時間の経過と人間の行動によって現実が分岐するというパラレル・ワールド（並行宇宙論）に通じるアプローチの一つではありますが、その策定過程における思考過程が明らかになる点で、疑似経験を共有するプロトタイピングの趣旨に合致しています。

【コラム】パラレル・ワールド

１９５７年、ヒュー・エベレットは、世界で初めてパラレル・ワールド論を提唱しました。宇宙は、１４０億年前に、物質が何もない特異点から無数の微粒子が誕生することを起源として、ビッグバンという大爆発を繰り返しながら、現在も膨張を続けていると言われています。しかし、量子論から宇宙の進化を見た場合、量子の重ね合わせという特性に着目すれば、微粒子が存在する宇宙と存在しない宇宙が同時に存在し、それぞれが枝分かれをするように同時並行的に変化を続け、様々な異なる宇宙が存在していることになります。これが、パラレル・ワールド論です。自分が存在する宇宙と存在しない宇宙が同時に存在し、それはお互いに交差することはありません。
　例えば、道を歩いていて、分かれ道が左右にある場合、左に曲がるのか右に曲がるのかを決めて実行した段階で、世界が二つに枝分かれするのです。このような枝分かれを続ける宇宙は同時に無数に存在しますが、一つの宇宙にいる自分は、別の宇宙の自分に会うことはできません。歴史の「もしも……だったら」という仮定は、人類の想像力を掻き立てますが、実際にそのような世界が併存していることが理解できれば、ＳＦプロトタイピングの考え方は受け入れやすいかもしれません。

2　ＳＦプロトタイピングの条件

　ＳＦプロトタイピングを始めるにあたって、その必要な条件とは何でしょうか。

【条件①】自然科学の制約と技術の進歩に基づくこと

　地球上の生物であり続ける限り、人類も、重力の影響（物理学）や老化の進行（生物学）など自然科学の制約から逃れることはできません。私たちが通常体験することとは異なる現象を見せる量子のような世界でさえ、自然法則に従っています。その意味で、歴史上人類は、世界の法則・自然の摂理を体得し、理解し、その適合を繰り返してきたと言えるでしょう。

その一方で人間は、他の動物とは異なり、石や骨などを道具として用い、火の力を借りて、文明や文化を作り出し、自然の法則の制約から、自らを一部解放してきたことは確かです。そして時に、画期的な発明を生み出し、科学技術を進歩させ、それによって生活の利便性を増大し、生命の寿命を延ばすことに成功してきました。

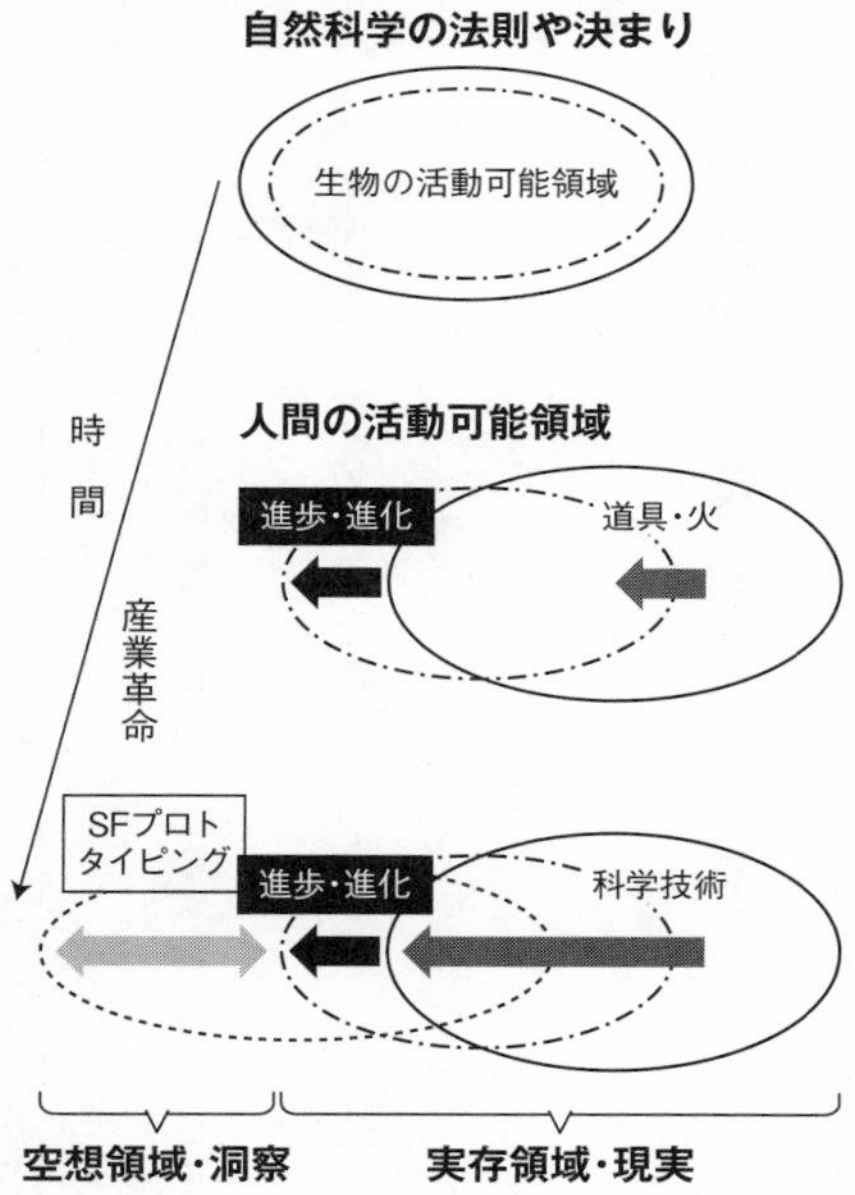

今後、自然科学の制約下で、その領域のさらなる拡大を目的として、ＳＦプロトタイピング

明日は、今日の延長にはならない

自然科学の法則や決まり
生物の活動可能領域
時間
人間の活動可能領域
進歩・進化
道具・火
産業革命
SFプロトタイピング
進歩・進化
科学技術
空想領域・洞察
実存領域・現実

に取り組む場合、科学技術の進化や変容は大きな前提条件になると共に、その成否の鍵を握ると考えられます。ターゲットとする時期については、科学技術の先見性の基準を概ね30年前後とすることに鑑みれば、現在から30年後の2050年頃の未来をプロトタイプすることが妥当と見られます。

特に、プロトタイピングの鍵を握るAI技術、量子技術、ロボット工学、バイオ技術、エネルギー技術は、今後の先端的な重要技術として重点的に研究開発が進んでおり、指数関数的な技術進化の流れの中で、2050年前後には、既に技術的に熟成し、実用化されていることが予測されます。

【条件②】人間が主体的役割を果たすこと

プロトタイプの策定に際して、常に、人間がその主役であり続けることは言うまでもありません。

例えば、人間が作り出した人工知能（AI）が普及する結果として、人間の判断が軽視され、人間がロボットに支配されるような未来を許容することはできないはずです。映画『ターミネーター』や『猿の惑星』では人間がロボットと戦いを繰り広げ、猿が人間を支配する世界が描かれ、それはディストピア（反理想郷）のシナリオと言えますが、これは未来へ向けての人類の積極的な行動をプロトタイプするという趣旨にはそぐわないものです。

18世紀に起こった第一次産業革命においては、その技術進化に仕事を奪われることを恐れた労働者たちが、機械打ち壊し運動、いわゆるラダイト運動を起こし、自分たちの未来を悲観し、新たな技術の導入に対して強い嫌悪感と抵抗の姿勢を露わにしました。その原因として、彼らがディストピアの感情に支配される中で、技術は人間の理想を達成するための道具に過ぎず、人間自身による未来の選択とその優先順位が最も重要であるという洞察や想像力が欠けていたことが考えられます。

現在でも人類は、超大国間の対立の先鋭化、ロシアのウクライナ侵攻の長期化などによるディストピアの雰囲気の中で、地球上の地域を巡る対立や衝突の呪縛にとらわれ、グローバルな課題や人間中心の社会への視点を失いかけているように見受けられます。しかし、そのようなディストピアの罠に陥らないように、人類が未来の行動主体として大局的な視点を持ち、これを持続することが必要ではないでしょうか。

ＡＩを搭載した自律型ロボットが戦闘を繰り広げる未来の戦場が現実のものとなっても、人間の関与が不可欠であることは間違いなく[79]、技術によって大きな環境変化が引き起こされる中においても、人間が主体となる未来をプロトタイプし続けることが期待されます。

【条件③】人間の願望が含まれていること

人間が「未来をこのようにしたい」という願望は、能動的に未来図をプロトタイプする前提条件として重要です。最終的に、人類にとって望ましい要素を多く含む未来を考えることで、その実現へ向けた考えを具体化し、積極的に行動を導き出すことに有利に作用すると考えられるからです。

ディストピアな未来の下では、人間の関心は目の前の利益に向けられ、先を見る視野も近視眼的なものとなるばかりか、その思考も短期的になることが懸念されます。もし願望に基づいて、未来を見通そうという意志が強ければ、積極的に未来のあるべき姿に意識を集中させることが可能となり、そのための問題意識や解決力がより前向きなものとなって目の前に現れることが期待されます。

3　ＳＦプロトタイピングへの取り組み

洞察力と先見性

ＳＦプロトタイピングを通じて期待される最大の成果は、未来が可視化されることであり、そのために、人間の洞察力（insight）と先見性（foresight）が求められます。洞察力とは、物事の本質を見抜くことであり、先見性は将来を見通す力を意味します。洞察力と先見性を併せ持つことにより、現状を冷静に客観視して、未来をできる限り正確に予測することに近づきます。

さらに未来の可視化において、短い時間軸上で洞察と先見を繰り返すのではなく、長期的な先見性と深い洞察をもって、逡巡（しゅんじゅん）することなく一気にプロトタイプを導き出すことが求められます。現在の流動的な世界の影響を受けにくくするためです。その結果として、プロトタイピングを終えた後に、未来から現在を振り返り、その各段階でなすべきことを明確にするバックキャスティング（後述）の果実を、より具体化することになるでしょう。

没入感と多様性

ＳＦプロトタイピングに示される一つの視座を、多くの読者が共有することを通じて、各々が未来への関心を触発され、主人公を自分に置き換えて、未来を考える方向に向かわせることが重要です。

読者に影響を与えるという点で、プロトタイプを行なう当事者には大きな責任がありますが、その策定過程において失敗を恐れる必要はありません。それよりは、プロトタイピング上で、失敗事例をあえて体験もしくは共有することを通じて、読者の学習機能の強化と未来への洞察がより研ぎ澄まされることが重要です。

また、人類固有の活動の延長線上にある未来は、人種、宗教、文化の面で異なる集団の相互作用の影響も受けることから、一方的な洞察と先見性だけでは、一つの未来に収束させることは難しいでしょう。そのため、各々の固有の持続性と複雑性を考慮し、異質のものを積極的に吸収することで、柔軟かつ緩やかにプロトタイプ化する着意も必要となってきます。プロトタイプを展開する複数の領域に、意図的に新たな価値観や判断要素を導入し、それらを有機的に組み合わせることによって、より多様な可能性を含む未来の姿が現れるのです。

バックキャスティング——未来から現在の課題を考えるアプローチ

未来のプロトタイピングが完成した場合、次に着手すべきは、バックキャスティングです。

バックキャスティングとは、もともとは魚釣りの際に、竿を後方に振ってから、前方の目標地点へ投げる一連の動作を示す言葉です。そこから転じて、プロトタイプされた未来のある時点から、現在解決すべき課題を考えることを意味します。

手順としてはまず、プロトタイプで示される未来のシナリオに対して、肯定的な要素についてはより分量を増やし、否定的なものについては排除することに着意します。

次に、時間をさかのぼって、各段階でどのような行動をとり得るのかを思索し、具体的行動を特定します。遠い将来から時間を逆にたどりながら、その節目で何ができたのか、何をすべきだったのか、そして、まさに今何をすべきなのかを明確にして、それを実行に移すこと、それが最終の目的になります。

このＳＦプロトタイピングの結果として、自分が希望する未来は必ず実現が約束されるものではないものの、バックキャスティングによって、未来の可能性が一段と広がることが期待されます。

ＳＦプロトタイピングが、不透明で不安定な未来を可視化し、それを不特定多数の人々と共有し、その未来に対処するための手段や方策を考えるものである一方、バックキャスティングは個人的な予見行動を具体化することであり、より当事者意識をもって、それらを実現しようとする意欲が求められます。

NATOが作成した「2036年戦いの展望」

歴史学者マイケル・ハワード教授は「どんなに明確に考えても、将来の紛争の性格を正確に予想することは不可能である。重要なのは、その性格が明らかになった時点で、調整が不可能になるほど、的外れでないことだ[80]」と述べ、不透明な未来への適合の手段として、未来を予見する訓練を繰り返すことの重要性を指摘しています。

未来の危機を管理するという観点から、人類が長期的な視点に立ち、SFにより見えない未来の脅威を可視化して、その対応のシミュレーションを行なうことに他なりません。

実際に、軍事を取り巻く環境の大きな変化の中で、各国の軍事組織の間では、SF作家による先見性と未来への洞察が潜在的な脅威を特定し、その対処方法を考察するのに有効であるという認識が広がりつつあります[81]。2016年、NATO全体の改革に責を負う変革連合軍（Allied Command Transformation：ACT）は、来たるべき未来の戦い方の特徴を見定めるべく「2036年戦いの展望（Visions of Warfare 2036)[82]」と題する文書を公表しました。

そこでは、多くの先進的な軍事装備品がＳＦの世界では既に予見されていたという事実に基づき、軍とは無関係の未来研究者（futurist）が描く大胆な未来戦のシナリオの幾つかを取り上げることで、奇抜な先進兵器、ロボット、人工知能、特殊な兵士などについての洞察を得ようとしました。特に焦点となったのが、急激に進化する科学技術が未来に及ぼす未知の影響、予期せぬ結末、全く新しい可能性など、想像力から生まれる世界観を表現する「ストーリーテリング（storytelling）」という手法です。

そしてＡＣＴは、「物語＝ストーリー」を使って人に何かを伝えるための幾つかの空想科学的なエピソードを提示し、同盟内に、不透明な未来に向かう軍事の革新的なインスピレーションを芽生えさせようとしたのです。その背景には、脅威の多様化と作戦領域の拡大に伴って、軍隊の任務が複雑化し拡大する中で、ＳＦプロトタイピングによって確固とした視座が軍隊の中に芽生えていくという期待がありました。

プラットフォームとしてのメタバースの可能性

空想科学の分野で、初めて人類による宇宙空間への挑戦が描かれたのは、19世紀に「ＳＦの父」と呼ばれるジュール・ヴェルヌが書いた月世界旅行の長編小説です。[83] 根拠のない夢想話のように見えますが、科学的な天文力学に基づく未来視と評価され、その100年後の米国の月着陸計画（アポロ計画）との類似性が多く指摘されることから、SFプロトタイピングの先駆けと位置づけられています。

ジュール・ヴェルヌ『月世界旅行』の挿絵

しかし人類の宇宙への挑戦は、まだ始まったばかりです。月、火星、深宇宙を通じた、人間の宇宙空間への関心と利用は、確実に増えつつあります。最後のフロンティアと呼ばれる宇宙空間に対して、人類としてどのような利用が考えられるのか、SFプロトタイピングを通じてそれらを可視化し、人類としての共通の利用イメージを持つことは、宇宙利用のあり方を考える上で参考になるでしょう。人類の共通の目標を設定し、それに向かって進むことがイメージされるのです。

その際に、新たなメタバース空間の積極的な活用を通じて、そのプロトタイプ化するときのプラットフォームとしての有益性に着目することは重要です。前述した通り、メタバースは、「ソーシャルメディア、オンラインゲーム、拡張現実（AR）、仮想現実（VR）、暗号通貨の側面を併せ持ち、ユーザーが仮想的に対話できるようにするデジタル現実」と定義され、新たなサイバー空間概念を意味します。

現在、メタバースの利用者たちは、仮想空間で交流することを通じて、現実空間では経験できないような体験を楽しんでいる状況ですが、その仮想空間の中では、持ち物、通貨、サービスなどは現実世界と紐付いており、暗号通貨などの利用によって、その価値が安全に保障されることが期待されています。その結果として、仮想世界と現実世界の境目が一層曖昧になると考えられ、メタバース空間の多様な活用を促進するものと見られます。

米宇宙軍においても、メタバース空間を兵士の教育や訓練の舞台として利用する動きが始まっています[84]。それは宇宙空間が、陸海空のように任務以外ではアクセスが容易ではない領域でありながらも、メタバース空間で再構築されるデジタル・ツインを利用することによって、人材育成から研究開発に至るまで、実験と試行を繰り返すことができるからです。

メタバース空間におけるアヴァター（分身）を使って、デジタル・ツイン化された宇宙空間のシステムのシミュレーター操作が実現すれば、次世代情報通信技術（ＩＣＴ）により、宇宙空間の現場におけるロボットを連接することによって、人間が容易にアクセスできない空間における実際の活動に結びつけることができます。この結果、宇宙における人類の実質的な活動の幅が一気に広がることが期待され、メタバース空間を利用することによって、人間がアクセスできない領域への関与を深めることが期待されます。このようにして、領域間の接続性がより高まる中で、ＳＦプロトタイピングの対象領域としてメタバース空間が多用されることは間違いないでしょう。

過去の経験と現在の判断だけに依拠しない

さて、往々にしてこのようなＳＦプロトタイピングは「細部にわたり未来予測を行なっても、ほんの数年以内にそれは全く馬鹿げたものになる[85]」という批判を受けることもあるでしょう。しかし、過去の人類の経験と現在の判断にだけ依拠して将来への取り組みを考えれば、知らない間に、「(未知の) 知らないものを起こらないものとして判断する[86]」という考えの呪縛を受けることになってしまうかもしれません。

現実に対応すべき安全保障上の課題が山積する中で、「限界がある知識」ではなく「世界を包み込む想像力」をもって、あらゆる可能性を秘めた未来を正しく描くことができるかどうか、それは新たな国家の戦略を策定する際にも成功の大きな鍵を握るはずです。

そして、日本は主権国家として、国際情勢の変化に応じて受動的に考えるのではなく、これから日本が如何（いか）なる国際的地位を占め、如何なるグローバルな役割を果たすのか、明確なビジョンを国民に示すことが望まれます。その際にＳＦプロトタイピングとバックキャスティングを導入することは、一つの有力な選択肢にはならないでしょうか。

第七章

2049を超えた未来

——SFプロトタイピングの試み

これから序章、前章で述べたSFプロトタイピングの一例を紹介したいと思います。

国際情勢、技術進化、気候変動などで一つの大きな変化が予想される2049年、世界はどのようになっているのでしょうか。これは、未来研究者ではないリアリストが描いた架空のシナリオですので、没入感に欠けるかもしれないですが、バックキャスティングの手法を用いて、今何をすべきかを考える上で参考になるかもしれません。お読みになって、SFプロトタイピングの可能性を感じていただければ、うれしく思います。

1．2027年のある日の朝早くの東京、いつもの平和な一日が始まるはずだった。多くの人々が出勤や通学のために駅に向かっていた。その中でスマートフォンを操作していた女子高校生が声を上げる。「全然ネットにつながらない……」。ついさっきまで使えたのに、おかしいと思って友達に電話しようと思ったが、こちらもダメ。同じ頃、駅でも多くの人々が同じ状況に陥り、ザワつき始めていた。携帯電話会社には確認の電話が鳴り続け、回線はパンク寸前。そして地方にも同じ状況が広まりつつあった。ニュースでは、電車が時間通りに到着せず、ホームには人が溢（あふ）れ、空港でも欠航が相次ぎ、多くの乗客がターミナルに滞留しているという状況が繰り返し報じられた。

2．午前10時、その混乱に拍車をかけるように、ＧＰＳのデータが途切れるようになり、高速道路や幹線道路でも渋滞や自動運転車両による事故が増える。いたるところで停電が発生、銀行のＡＴＭも使えないようになり、街の人々は不安を口にし始める。

政府は早速対策に乗り出し、官邸に対策室を設置するが、根本的な原因がわからず、官房長官の記者会見でも「調査中です、国民の皆さんは落ち着いて行動してください」という発言が繰り返されるばかりだった。この混乱は、さらに宅配便などの物流、気象観測情報、キャッシュレス決済など様々なサービス分野に波及し、混乱の収拾にはどれだけの時間がかかるのか、国民の心配と不安は高まるばかりとなった。

3．同じような現象は、周辺国でも発生していた。中でも、超大国テュポン国からの分離独立を主張するベンヌ国内における被害は深刻で、追い打ちをかけるように、ＳＮＳでも偽情報の一種とみられる扇動的なコメントが溢れかえっていた。事態の収拾を図れない政府や関係機関への批判は高まるばかりで、不穏な空気が国内を覆うことになる。

一方、事態の収束を急ぐ自由主義諸国の中では、一つの懸念が共有されつつあった。じつはその数ヶ月前、テュポン国最高指導者から、政治公約としてベンヌ国併合を最優先課題とすることが改めて確認され、そのためには武力の行使も辞さないという強硬な発言があったのだ。経済発展に陰りが見え始めたテュポン国は、民意の支持を確実にして独裁体制を維持する上でも、できる限り早くベンヌ国を支配下に入れたいという野心を隠せないように見えた。

4. 自由主義諸国は、そのような力による現状変更の試みは既存の国際秩序を否定するものに他ならず、同様の事態が他の地域でも起きることに関して警戒の念を深めて、急ぎベンヌ国へ様々な支援を行なった。皮肉にもその行為が、ベンヌ国併合のための軍事行動のタイミングを探っていたテュポン国の背中を押すことになる。

相互依存が進む国際社会の中で、長期間にわたる大規模な軍事作戦を継続することは、独裁政権に対する民意の支持低下を招くおそれもあり、避けることが重視された。テュポン国はそのために、サイバー攻撃や宇宙妨害、さらに偽情報を用いた認知攻撃を多用するハイブリッド戦争をベンヌ国に対して仕掛ける作戦計画を採用することになった。先日のベンヌ国侵攻の予行演習ともいえる多様なサイバー攻撃が、ベンヌ国や自由主義陣営に予想以上の広範囲な被害を与えただけでなく、そこから多くのデータや教訓を得たことで、ハイブリッド戦争の成功への自信を深めていたのである。

5. テュポン国の基本的な侵攻作戦は、ベンヌ国だけを「点」として攻撃するのではなく、この地域全域に対して、包括的な「面」としての新領域攻撃を実施し、その同盟国や駐留軍を仮想空間から麻痺させ、ベンヌ国支援のための対応行動や軍事行動を取らせないことが重視された。

その数週間後、自由主義陣営はベンヌ国周辺に軍事力の展開を開始するが、それをあざ笑うかのように、テュポン国は同時多発的なサイバー攻撃をベンヌ国およびその周辺国に対して仕掛けていく。それらの国の人工衛星を含む宇宙システムの機能は、地上器材へのサイバー攻撃によって一部喪失させられ、地域の枠を超えて世界各地へ影響が広がってゆく事態を招いた。

6．そして、民心を不安に駆り立て、社会の治安をかき乱すような偽情報、テュポン国の支配の正当性を訴えるナラティブなどが、ネット上に堰を切ったように流れ始めた。前回の教訓から、その帰属（アトリビューション）を早期に特定した自由主義諸国などは直ちにテュポン国への批判を開始する。しかし、テュポン国側はそれらを黙殺し、ベンヌ海峡を隔ての非軍事的なハイブリッド戦争を継続すると共に、国際社会への自国の正当性の主張や自由主義諸国批判に終始する。自由主義諸国の間では、テュポン軍のサイバー攻撃や宇宙アセットへの妨害などを武力攻撃事態と判断し、安全保障条約の適用事案と認めるための協議も始まった。

7．その矢先、テュポン国はさらに強力な宇宙、サイバー、電磁波攻撃の戦端を切り開き、地域全体のインフラ機能を完全に麻痺させると共に、世界中に、SNSを含むあらゆる情報媒体を使って偽情報を流し始める。AIを用いてのディープフェイクが溢れかえり、それに対抗したAIシステムが、その偽証をSNS上に即座に表示するなど、ネット空間上で熾烈な戦いが展開された。その中で、域内のテュポン友好国は陽動作戦に踏み切った。ベンヌ支援国の周辺海域などでは不法活動が繰り返され、公海やEEZ（排他的経済水域）へ弾道ミサイルが発射され、各国に動揺が走る。

8. ベンヌ国併合のための作戦発起を宣言したテュポン軍は、様々な弾道ミサイル、極超音速滑空体を用いた飽和攻撃を開始し、周辺のベンヌ国支援の作戦基地や駐留軍基地は、その攻撃対象となり破壊される。またテュポン軍は、ベンヌ国付近に近づく支援国の接近を牽制するために、長射程戦力を用いた軍事作戦を強行して威嚇を行なった。そしてベンヌ国本土への上陸作戦も、圧倒的な制空権が確保される中で順調に進み、テュポン最高指導者の宣言通り、力によるベンヌ国併合が成し遂げられたのであった。

9. それから、20年以上が経過した2049年。歴史上の大きな節目を迎えたテュポン国は、ベンヌ国併合には成功したものの、その代償として失ったものの大きさを思い知っていた。戦禍後の経済的混乱が激しくなるにつれて、国民による独裁政党への批判が高まり、テュポン軍への信頼も失墜。国内における独裁政権のほころびが、人民への情報統制を弱めることになり、テュポン体制批判を許すような事態に陥ってしまった。

盤石（ばんじゃく）な侵攻計画であったはずが、予想外のことも次々と起きていく。中でもベンヌ国民の、強制的な同化政策への抵抗が続いたことは、テュポン国の予想を超える事態となって、現地の傀儡政権は対応に苦慮し続けることとなった。また、半導体をはじめとする先進技術に携わる技術者などが大量出国していたことも想定外であった。併合後に接収した研究施設や工場などは、人材不足から思ったような生産体制を回復できず、半導体のサプライチェーンで世界の頂点に立つというテュポン国の野望は打ち砕かれた。

また、希少資源であるレアアースなどで圧倒的な市場を支配するテュポン国であったが、これまでの戦争の教訓を踏まえ重要鉱物などの供給先を一国に依存することを警戒した自由主義諸国などからは警戒され、世界的なサプライチェーンの頂点に立つという覇権的な計画も頓挫してしまう。

10. 独裁的な政権運営に対する批判的な世論の盛り上がりを抑えるため、テュポン国の外交はさらに強硬的・高圧的なものとなる。一方で経済的な負担となっていた巨額の軍事費の削減を図るために、テュポン国は軍事政策の転換を図らざるを得なくなった。これまで軍民融合の中で築き上げてきた先進技術の実装化によるテュポン軍の無人化、兵器の自律化を一気に加速して、人工知能を搭載した無人機や無人車両、画像認識技術や先端ＩＣＴでネットワーク化された自律兵器の配備を精力的に推し進めたのである。新たなテュポン国軍の大変革の始まりであった。

11. 先進技術の兵器への実装化が遅れる自由主義諸国も、国防面での技術イノベーションが加速化する中で、自律化されたロボット兵器や無人兵器を用いた陸海空に対する警戒監視を行ない、敵と判断される対象には、一定の決められたプロセスを経て、自律的に攻撃を行なうことが認められるようになった。

一方、地球環境の破壊は、戦争や競争が頻発する中で国際協調の機運が失われると共に刻一刻と深刻化していく。２０２７年、テュポン国がベンヌ国を軍事侵攻したその年に、世界的気温上昇を平均１・５℃以下に抑えるという国際社会の試みが破綻（はたん）したこともあって、熱波、高温、旱魃などの気候変動の悪化に歯止めがかからなくなっていったのである。さらに、温暖化に伴う永久凍土の融解が進み、その中に数万年間閉じ込められていた細菌やウイルスが放出され、多くの人々や動物たちが感染して死に追いやられることになった。

12. 地球環境の悪化に応じるかのように、宇宙空間における対立と競争はさらに激化する。

アルテミス計画などの宇宙開発計画が進展する中で、より遠い宇宙にエネルギーと希少鉱物を求める挑戦が始まった。月には既に人間が生活するコロニーが完成し、さらに遠い宇宙を目指すためのロケットの組み立てや生産活動が行なわれる。そして、地球と月の間のシスルナ空間には、幾つかの宇宙ステーションが浮かび上がり、その内部で科学者や宇宙飛行士と共に、宇宙へ移住してきた人々が日常生活を送り始めるようになる。

13．大国による覇権的かつ排他的な動きが激しくなる中で、宇宙空間における軍事的な活動はより活発になっていく。地球軌道上には、マザーといわれる宇宙船艦隊が幾つか配置され、警戒監視、データ中継基地、スペースデブリの除去などの任務を果たしている。また、宇宙監視を主体とする軍事態勢が強化される中で、スペースデブリを生じさせないレーザー、サイバー、キラー衛星による非破壊的な攻撃は増大し続けていく。そして時に、極超音速滑空体を搭載した部分軌道爆撃システム（ＦＯＢＳ）が低軌道上を周回し、地上への攻撃のタイミングを計っていた。

14．宇宙空間は、戦闘領域としての性格を強める一方で、経済発展のための新たな資源と人間が生きるためのエネルギーの狩場と化すこととなる。そのために輸送運搬システムが構築され、輸送システムとそれらの指揮システムはケンタウルス（半神獣）と呼ばれた。ケンタウルスは宇宙と地球を結びつける生命線となっていた。

また、宇宙空間に配置される重要システムとして、ゼウス（雷神）、成層圏にはディアーナ（月の女神）、空中にはケレース（大地の女神）がそれぞれ中継システムの役割を果たし、同時に宇宙の要塞化も進められることになる。その結果、宇宙空間から地上まで、また時には海底に至るまでの情報が一元的に共有されることとなり、軍事作戦の展開がより速くなっていくことになる。グラディウス（両刃の剣）と呼ばれる攻撃型兵器システムは、システム全体の防護と共に、作戦環境下に侵入する未確認物体を排除する任務を与えられた。

火星では、希少鉱物の採掘、地表面で得られたエネルギーの地上への伝送を行なうための宇宙プラントが、忙しく稼働している。しかし、地上からの遠隔操作で行なわれるために、ここにも保守要員以外にはほぼ人の姿は見えない。

15. かくして、気候変動に伴う人口移動や治安の悪化、新型ウイルスの大規模感染（パンデミック）により、事態の収拾が期待されなくなった地上の特定地域は、物理的に隔絶され、荒涼とした無人地帯となった。そこでは、先進技術を実装化されたグラディウスをはじめとする兵器群が、人間の兵士の代わりに活動し、地上では、唯一残された限られたエネルギーや希少資源、さらには宇宙システムのアセットを守るための戦闘行為が広く、静かに繰り返されていた。

空気中を漂う無重力ドローン、昆虫型の情報収集ロボット、地面を徘徊し、目標に到達すると自動に爆発する自走式爆弾移動体、空に円を描くように飛び回り、目標を発見するとそれにまっすぐ突進する飛翔体など、様々な未来型の軍事アセットがそこかしこに見られる。その中では、遠隔地から脳情報通信技術（ＢＭＩ）とＩＣＴを組み合わせて、人間が頭脳で考えた指示通りにリアルタイムで機動・攻撃を行なう進化型の精密誘導兵器への期待が高まっていた。

16．ここに、珍しく、一人の人間の兵士の姿が見えた。気温が50℃にも達し、草木も生えない地表に立つその兵士は、無人戦闘システムを遠隔でコントロールする任務にあり、完全武装していても、表情一つ変えない冷静さを保っていた。彼は、遺伝子操作などのバイオ処置をされた強化型兵士であり、異常な気温の上昇と旱魃のために、人間が息もできない過酷な環境においても、特殊な合成素材の戦闘服の助けも借りて、一定時間は適合し得る能力を身につけていたのであった。

そういえば、彼の同僚も、深宇宙探査のため、火星の居住地への異動を命じられ、地球から宇宙連絡船に乗って離陸するところであった。そのとき、兵士の頭をよぎったのは、重力のない宇宙空間で死ぬまで生きるのであれば、人間としての身体はもはや必要ないかもしれないということだった。宇宙空間における最適な身体は地上にいる人間の姿とは異なるかもしれないし、それは人間の生物としての進化の最終形になるかもしれない。彼はふとそう思ったのである。

了

第八章

【特別対談】奥山真司×長島純

総力戦を加速させる未来の戦争

ここまでお読みくださり、ありがとうございます。本書の最後に、多摩大学客員教授で、地政学の研究家である奥山真司さんと行なった対談を収録します。テーマは「未来の戦争はどうなるのか」。世界各地の戦争について造詣の深い奥山さんのお話は、大変重要で刺激的なものでした。

奥山真司（おくやま　まさし）
多摩大学客員教授。1972年生まれ。カナダのブリティッシュ・コロンビア大学地理学科および哲学科を卒業。英国レディング大学大学院戦略学科で修士号及び博士号を取得。著書に『地政学　アメリカの世界戦略地図』（五月書房）、翻訳書に『中国（チャイナ）4・0　暴発する中華帝国』『日本4・0　国家戦略の新しいリアル』『ラストエンペラー習近平』（以上、エドワード・ルトワック著、文春新書）、監修書に『サクッとわかるビジネス教養　地政学』（新星出版社）などがある。

テクノロジーの進化で生まれるギャップ

長島　私はいま「未来の戦争」について研究しているのですが、今日は地政学のみならずテクノロジーにも精通されている奥山さんに最新の情報を伺いながら、さまざまな観点から議論していきたいと思っています。

奥山　長島さんと「未来の戦争」という重要なテーマでお話しできるのを楽しみにしていました。まずこの議論で避けて通れないのが、テクノロジーの進化が戦争のかたちや実際に闘う兵士に与える影響でしょう。

私はかつてカナダやイギリスの大学に留学していましたが、そこで実感したのは、英米には「戦士の文化」があるということです。とくにアメリカの海兵隊は自分たちのことを「ウォリアー」と呼ぶのが好きで、闘う人間であることに誇りをもっている。トランプ前大統領はそうした文化がリベラルに侵（おか）されると主張しましたが、いずれにせよ戦後の日本にはない空気であることは間違いありません。彼我（ひが）の差に鑑（かんが）みると、いざ有事が訪れたときに日本では国民が自衛隊員の活動を支えることができるのか、すこし心もとなくなってしまいます。

いまお話ししたのが、戦争におけるもっとも「人間の本能」に根差した要素だとすれば、その対極にあるのがテクノロジーです。例えば、「MQ－9リーパー」はアメリカ空軍で採用されている無人攻撃機で、兵士は戦場に赴（おもむ）くことなく、安全な部屋で画面を見ながら敵軍やテロリストを攻撃できる。ただし、ボタン一つで誰かを殺害することは、リモートパイロットにとって精神的に楽なことではなく、むしろメンタルを蝕まれてしまうことは、映画『Good Kill』（2014年、邦題『ドローン・オブ・ウォー』）でも描かれた通りです。加えて、戦果をあげたとしても、みずからの身を危険に晒していませんから名誉が得られにくい。このように、「未来の戦争」では生身の人間とテクノロジーのあいだに様々なギャップが生まれるでしょう。

長島　じつに重要なお話です。例えば、リモートで敵の基地を爆撃するとき、相手にどれだけの被害をもたらしたか、は現地ではなく衛星画像などで確認します。その画面は技術の進化でかなり精細になっていて、戦場はリアルに映る。ただしそれは、リモートパイロットにとって不都合な現実が見えてしまうことを意味しますね。

奥山　そうなのです。カメラの性能がよくない時代であれば、爆撃が成功したことが確認されればよかったのですが、いまは殺害される直前の相手兵士の表情がわかるし、巻き添えで命を奪われた子どもの様子までもクリアに見えてしまう。その様子を目の当たりにすれば、リモートパイロットが「俺にも子どもがいる……」などと感じて精神的に病んでも不思議はありません。

戦争とはあくまでも人間同士の根源的な戦いで、人が血を流して命を奪われるという事実は、未来でも変わりないでしょう。とはいえ、テクノロジーは今後も進化し続けるわけで、そこで生まれるギャップやジレンマが人間にどんなインパクトを与えるのか。以上が、まず「未来の戦争」というテーマで抱く問題意識です。

長島　アメリカでは以前から、戦場での任務を終えた兵士をハワイなどで短期間休ませてから、平和な社会生活へ戻すことが心がけられてきました。無人機のパイロットが敵基地を爆撃したあと、車のハンドルを握って何事もなかったかのように自宅に帰って、上手に気持ちを切り替えて、明日も普通に出勤しろと言うほうが酷な話というものです。

奥山　朝にテロリストを殺害して、夕方には幼稚園に子どもを迎えに行く。そう仮定すれば、読者の方にもあまりにも間が短すぎることが想像できるかもしれません。ですからいまアメリカでは、無人機を操縦する国内の基地をさながら「疑似戦場」に定め、そこに全米からリモートパイロットなどを出張させて、任務を終えたらクールダウンさせてから自宅に帰らせる仕組みづくりが議論されています。兵士を生身の人間として大切に扱おうとしているとも言い換えられるでしょう。

長島　ここ日本でも、LAWS（自律型致死兵器システム：人間の関与が及ばず、自律的に攻撃目標を設定し、致死性を有する兵器を指す）をめぐり、人間の一定の関与は確保されるべきと言われています。とはいえ、技術の進化のもとで、人間がいささかも関与せずに自律的に攻撃を行ない、敵国兵士の命を奪う可能性も懸念されています。このあたりが「未来の戦争」では大きな議論の的になりそうです。

戦場でゲームに興じる兵士たち

奥山　私が今日、もう一つのキーワードとしてあげたいのが、リアルとヴァーチャルの融合です。

いまアメリカでは『Gran Turismo』（邦題：『グランツーリスモ』）という映画が公開中で大ヒットしています。同名の人気レーシングシミュレーションゲームを題材にした作品ですが、いまゲーム業界は物凄い影響力をもっていて、ウクライナの戦場で闘っている若者のほとんどはゲームに興じてきた世代です。それも、われわれ世代が連想する「ファミコン」や「プレステ」ではなく、ユーザー同士がインターネットでつながる対戦型のオンラインゲームですね。ゲーム産業はいまでは20兆円を超える規模で、アメリカ最大の人気スポーツ・NFL（米プロアメリカンフットボールリーグ）の売り上げが年間約1・5兆円であることに鑑みると、とてつもない市場規模です。

『Gran Turismo』に話を戻すと、この映画はヤン・マーデンボローという男の実話に基づいた物語です。彼はもともとレーシングゲーム「グランツーリスモ」のトッププレイヤーで、やがて本物のレース（F3など）に挑戦して成功を収めました。すなわち、ヴァーチャルの世界からリアルに飛び出してきたわけです。

長島　それは凄い話ですね。

奥山　じつはいまの若い世代にとって、F1のようなリアルの世界よりも、ゲームなどヴァーチャル空間で活躍したほうが、ステータスが高い場合もある。野球に置き換えるならば、大谷翔平選手よりもゲーム実況の配信者に憧（あこが）れる若者は珍しくないのです。しかも、先ほど申し上げたようにとてつもない市場規模ですから、いまやリアルの業界がヴァーチャルにすり寄っている。『Gran Turismo』にしても、昔ながらの映画業界がゲーム業界に近づいて生み出された作品だと私は見ています。

繰り返しますが、いまウクライナの戦場に立つのはそんな感覚をもつ若者たちです。そして彼らは、苛酷（かこく）な戦闘の合間でゲームに興じているという。驚くべき話のように聞こえますが、じつはこれは新しい話ではなく、戦場では待つべきタイミングが生まれますから意外と空き時間があるのです。とくに人気を集めるのが「World of Tanks」という主に第二次世界大戦のときの戦車で戦うオンラインゲームで、このゲームをつうじて部隊内の連携を高めていると聞きました。

長島　まさしく、リアルとヴァーチャルの境目が溶けているわけですか。

奥山　そう。すこし前にメタバースが世界的に話題になりましたが、ゲーム業界ではその前からリアルとヴァーチャルが融合していました。それればかりか、いまではネット上の誹謗中傷で命を絶つケースもあるように、両者が逆転しているかのような現象まで見受けられます。戦争の現場も同様で、若い兵士は戦車のゲームをつうじて戦術の重要性を学んでいる。戦争の未来を考えるうえで、特筆すべき現象ではないでしょうか。

さらに言うならば、先ほど紹介した「World of Tanks」では、ロシアとウクライナの兵士が同じチームで戦っている可能性もあります。ゲームの世界では基本的に国境は存在しませんから。

人間の脳と兵器が直接つながるBMI

長島　転機はやはり、スマートフォンの登場でしょうね。皆がスマホをつうじて世界とつながり、オンとオフの境目もなくなった。パソコンのオンラインゲームならばシャットダウンすれば現実とヴァーチャルは切り離されますが、スマホは基本的に電源を入れっぱなしにしますからそうはいきません。そうして誰もがインターネットに埋没して、様々な情報を仕入れると同時に自分のデータも流出させている。それは、人間としての可能性を増大させる一方で、ヴァーチャルの世界に縛られることになってもいるのです。

奥山　「World of Tanks」にも、「World of Tanks Blitz」というスマホ版があります。だからこそウクライナの戦場でさえもゲームができるわけですね。先ほど話題にあげたリモートパイロットにしても、無人機を操縦していると「撃ち落とされるかもしれない……！」というアドレナリンや緊張感が身体に反応しますから、ヴァーチャルに呑み込まれていると言えるでしょう。

長島　ブレイン・マシン・インタフェース（ＢＭＩ：人間の脳から出る脳波を信号に変換して、コンピュータに情報を送ることができる技術）につながるお話ですね。究極の例をあげるならば、人間が頭で考えるだけで戦車を動かし、戦闘機を飛ばすことができる技術です。高度な情報通信技術の登場によって、ネットワークが同時接続されて冗長性（じょうちょうせい）が失われることで、ますます戦争において時間や距離は問題とならなくなるでしょう。

奥山　ここでふたたび浮上するテーマが、兵士の精神的なケアです。ＢＭＩでは兵器が兵士の脳につながるわけですから、はたして精神は耐えられるのか。アメリカでは戦場での苛酷なストレスに襲われた兵士が薬物に手を染めることが問題となっていますが、ＢＭＩが進化すれば深刻化しかねません。

長島　人間とはバランスが重要で、精神が疲弊すれば身体にも異常をきたす生き物ですから。

奥山　また、日本ではかつて「英霊をたたえる」というかたちで兵士やその家族を精神的および社会的にケアしてきましたが、もしもいま戦争が起きて、自衛隊に戦死者が出た場合にはどう向き合うのか。ＢＭＩなどの進みすぎたテクノロジーを用いて戦闘する兵士をどう支えるのか。いまのうちに議論して然るべきでしょう。

長島　陸海空のように目に視えるところでの戦闘であれば国民も状況を理解して、自軍を支援することを厭わないでしょう。他方で、宇宙やサイバー空間で行なわれる戦闘に対しては、民間人には何が行なわれているかがわからず、世間でどのような反応が起きるかは予想しにくいはずです。一般の科学者や技術者が多く滞在する宇宙ステーションをめぐる戦いが起きるケースだって、今後は起こりうるでしょう。

奥山　アニメの「ガンダム」に喩えるならば、コロニー（同作における宇宙空間の住居施設）が陥落させられるようなものですね。地球の陸で生きている人には想像が及ばない世界の話になってしまいます。

新しい戦争では民間への被害が甚大になる

長島　国際的な戦略家のエドワード・ルトワックも指摘していますが、軍事的犠牲を許さない非寛容な政治・社会環境のなかで、今後は兵士を戦場に派遣すること自体が減る「犠牲者なき戦争」の増加傾向が進むでしょう。テレビゲームで戦争しているような状況が一般化していけば、最大の犠牲者は生身の一般市民となりかねません。

奥山　「未来の戦争」における大問題ですね。しかも兵士は安全な部屋で守られているわけですから。

長島　サイバー攻撃にしても、直接的には人を殺傷しないかもしれませんが、発電所や原発などの重要インフラが破壊されれば、命を落とす市民も出てきます。宇宙も同じ話で、衛星が破壊されればライフラインに関わるデジタルサービスは軒並みストップするでしょう。

奥山　わかりやすい例をあげれば、病院がサイバー攻撃されれば被害は計り知れません。また、アメリカで言えばペンタゴンではなく、日本の税務署に相当するＩＲＳ（アメリカ合衆国内国歳入庁）が狙われやすいと言います。軍人に危害を直接加えるのではなく、年金などの帳簿にアクセスするのです。

長島　ＩｏＴですべてがインターネットにつながる世界では、システムのいちばん弱いところを攻略して本丸に攻め入るのが常道ですからね。その過程で、より民間に影響が及ぶと見るべきでしょう。とくに懸念されるのがＥＭＰ（電磁パルス）攻撃ではないでしょうか。

奥山　おっしゃる通りです。相手国の上空30km～４００kmの高高度で核爆発を起こして電磁パルスを発生させれば、電子機器を損傷・破壊し、電子機器を使用した通信・電力などの重要インフラを使用不能にできます。やはり病院などで様々な機械が使えなくなり、命を落とす人が出てくるでしょう。

長島　アメリカでは「ハバナ症候群」も報告されましたね。２０１６年、世界中のアメリカ外交官が頭痛などの症状を訴えましたが、第三国による電磁波攻撃とも囁かれました。こうした新しい戦争に対して、たしかに各国の軍は対策を進めていますが、民間が確実に守られるかといえば現時点では疑わしい。

奥山　自衛隊のサイバー部隊も、基本的には隊のインフラを守ることを目的に活動します。国民からすれば、いざというときは自衛隊が守ってくれるという感覚があるかもしれませんが、そんな単純な話ではありません。

長島　サイバー攻撃や宇宙空間ではアトリビューション（攻撃者の特定）を明らかにするまで時間がかかるので、どうしても対応が遅れてしまいます。砲弾を撃たれたのであれば、誰がどこから攻撃してきたかがすぐにわかりますが、そうはいかないのです。

中国の技術革新は続くのか

奥山　最近読んで面白かったのが、2023年5月に発売されたダロン・アセモグルの『Power and Progress』（未邦訳）という本です。同書では、電気が普及したことで工場の生産性が向上するのに五十年もかかった事例が紹介されていて、とても興味深く読みました。人間が新しいテクノロジーを受け入れてそれを活用できる社会になるまでは、それだけの時間がかかるということです。

長島　システムはもちろんのこと、人間の意識もすぐには変わりませんから。

奥山　そこで意外と重要なのがSFで、小説や映画をつうじてテクノロジーが進化した未来の世界に触れておくと、人々は想像しやすいわけです。私が今日の議論でゲームや映画を引用したのも、じつはそうした意図がありました。

長島　テクノロジーの進化という点で、注目せざるを得ないのが中国です。イノベーションを起こすには社会の多様性が不可欠ですが、中国共産党がそのような社会の実現を受け入れるとは考えられません。そんな組織が技術を進化させ続けられるのでしょうか。

奥山　たしかに、一定のところで進化が止まると見ている識者は多いですね。私も組織の限界のほうが先に訪れると考える一人です。ただし、彼らは新しい技術を実装することに関しては躊躇（ちゅうちょ）がないし、なおかつ民衆をコントロールするうえでデジタルが有効だと認識していますから、積極的な姿勢は崩さないでしょう。

長島　中国は、海外から帰国する「海亀族」と言われる高度技術者を登用して、様々な開発や実装を進めています。しかし、歴史的に移民を受け入れることで人種や文化の多様性を重んじ、イノベーションを生み出すアメリカとは対照的に、中国共産党による官製イノベーションには限界を感じざるを得ません。その意味では、中国の技術進化に持続性を期待することは現実的ではないでしょう。

奥山　とはいえ、中国のデジタル化への旺盛（おうせい）さには目を見張るものがありますよね。アルフレッド・セイヤー・マハン（19世紀から20世紀にかけて活躍したアメリカの海軍軍人。秋山真之（さねゆき）が師事したことでも知られる）はシーパワーには六つの要件があり、国民が海を求めて活用しなければ国家はシーパワーの国にはならないと議論しました。これはデジタルにも置き換えられると思っていて、日本には結局のところ本当の意味でＤＸを求める社会的なドライブは存在しませんが、中国は国全体がデジタル化に向かうことで加速度的な経済成長を遂げました。もちろんアメリカも同様で、さらに言えば彼らはじつに新しいものが好きな国民性です。

長島　なるほど、ただし、アメリカの内陸側に行くと一度も海外に出たことがなく、海外事情に関心がない保守的な人々もいますよね。ついでにお聞きしますが、アメリカはいま地政学的にはシーパワーを指向しているのですか。

奥山　揺り戻しが来ていますね。トランプが大統領になってからはランドパワー的な傾向も見え隠れし始め、伝統的に掲げてきた孤立主義の議論が復活してきています。２０２４年の大統領選挙についても注意深く観察しなければいけません。

最後は生身の人間同士の話

長島　現下のロシアによるウクライナ戦争に目を向けると、世界的に注目されたのが認知戦です。これからの戦争を考えるうえでは欠かせないテーマですが、奥山さんはどう認識されていますか。

奥山　話題になったニュースとしては、２０２２年12月にライヒスビュルガーというドイツの国家転覆を狙う極右組織に所属する25人が、当局によって一斉に逮捕されました。現役の警官やドイツ陸軍のＫＳＫ（旅団級特殊部隊）などがメンバーとして所属していたこともあって、ドイツ政府は問題視して規律を強化しようとしています。

人間の脳の大きさや容量は昔から変わりません。言い換えれば強化が難しい領域で、弱点として認知戦では間違いなく狙われる。テクノロジーが進化したことで、私たちのもっとも「古い部分」が攻められるわけです。一人ひとりの思考あるいは政治的世界観はいくつかの前提に基づきますが、プロパガンダでそれをコントロールできれば行動を変容させられます。それが認知戦で、特殊部隊の高官を標的にできれば国家転覆さえ企てられる。ロシアに利（り）する発言をするように仕向けられるわけで、実際に日本でもロシアに浸透されていると思えるような人はいるわけですよ。それでも日本には表現の自由がありますから、発言そのものを封じることはできません。

長島　認知戦と宣伝戦は混同されがちですが、宣伝戦はかつて爆撃機から大量の宣伝ビラをばら撒（ま）くような行動でした。一方の認知戦は、ネット上から相手のデータを抜き出したうえで、攻撃の相手を特定して効果的かつ集中的に情報を流して、その行動を変容させますから、より恐ろしいと言えるでしょう。

奥山　ロシアは以前から認知戦を組織的に展開していますが、中国も力を入れていますね。

長島　その通りです。モバイル通信のデータを傍受（ぼうじゅ）する能力がある情報通信機器の問題点は、それが認知戦において非常に有効なデータを提供することにあります。

奥山　最先端テクノロジーであるスマホやＳＮＳが認知戦に拍車（はくしゃ）をかけているとは、なんとも皮肉です。北朝鮮もハッキングなどの技術が高く、２０１４年にソニー・ピクチャーズエンタテインメントが金正恩総書記の暗殺を題材にしたコメディー映画『ザ・インタビュー』を製作すると、北朝鮮の関与が指摘されるハッカー集団に本社をサイバー攻撃されました。

長島　中国からすれば、普通に戦っても敵国に勝てない非対称戦を重視するからこそ、サイバーなどの分野に力を入れて利用するのでしょう。

奥山　とりわけ台湾に対しては、かなり強力な工作を仕掛けているはずです。とくに国民党の人間は中国本土に親族がいるケースもあるので、賄賂（わいろ）を受け取ってのちに露見（ろけん）した人もいました。台湾の軍人はさすがに安全保障への意識は高いものの、個人的には社会全体としては脆弱な気がするのですが、いかがでしょう。

長島　アメリカ議会下院のペロシ議長が２０２２年８月に訪台したとき、サイバー攻撃や認知戦を仕掛けられたこともありましたね。主要駅やコンビニの電光掲示板にペロシの訪台を批判するメッセージが表示されたと報じられました。ただし、１９９０年代の第三次台湾海峡危機では海外移住を準備した台湾人がいましたが、近年では中国にどれだけプレッシャーをかけられても、そういう話は聞きません。その意味では、中国の認知戦に慣れ始めているとの見方もできるように思えます。

奥山　なるほど。いずれにせよ、「未来の戦争」ではデジタルをはじめ戦場となるフィールドが劇的に広がり、まさしく総力戦の様相を呈しますね。

長島　人間の本質がいま以上に問われるように思えます。技術が進化すれば人間そのものが丸裸にされていきますから。戦争自体は自律型無人兵器同士の戦いへと変化してゆくでしょうが、奥山さんがリモートパイロットの精神状態を懸念したように、戦っているのは人間であることを忘れてはいけないでしょう。

余談かもしれませんが、先日、テスラのイーロン・マスクとメタ（旧フェイスブック）のマーク・ザッカーバーグというテック界の牽引者二人の関係性が悪化して、最後は金網マッチで戦うというニュースが流れてきました。バカバカしい話ではあるものの、最後は生身の人間同士の話に落ち着くという意味では、「未来の戦争」の議論と似ているかもしれません。

奥山　エドワード・ウィルソンという昆虫学者は、現在の世の中は神の領域に達したテクノロジーと、中世のような社会制度、そして古代から何も変わらない人間で組み合わされていると語りました。私は新しいテクノロジーが出てくるたびに、「人間はどうなるのだろう」という緊張感を抱いてしまいます。戦場はまるで無限であるかのように広がっていきますが、昔から不変の人間が精神的に追い詰められる世界が待っているように思えます。

中国共産党に危機をコントロールできるか

長島　最後に議論したいのが、台湾有事が日本に及ぼす影響についてです。中国は台湾に大規模なサイバー攻撃を仕掛けるでしょうが、はたして日本はどうなるのか。奥山さんのお考えをお聞かせいただけますか。

奥山　まず台湾有事に関して、中国の狙いは台湾だけで終わると考えている日本人がいますよね。絶対にそんなことはなくて、中国は台湾を囲むかたちで制圧しようと考えますから、与那国島は間違いなく大きな影響を受けます。石垣島や宮古島も同様でしょう。中国軍はこのエリアに多くの飛行機を飛ばしていますから、日本が巻き込まれないと考えるほうが不自然です。

長島　同意見です。中国の戦略はA2／AD（接近阻止・領域拒否）であり、アメリカ軍を台湾周辺に入ってこさせないことを目的として設定するでしょう。在日米軍にもサイバー攻撃を展開するだろうし、その流れで日本も直接的に狙われるはずです。

奥山　2023年の7月、アメリカのシンクタンク「スティムソン・センター」にいるユン・サンという女性研究者が『フォーリン・アフェアーズ』誌に寄せた論文がとても印象的でした。彼女によれば、米中は最近ほとんど対話をしていませんが、どうやらアメリカ側が中国側に電話をかけても出ないような状況らしいです。では、中国共産党の狙いは何かといえば、アメリカとのあいだにエスカレートしない程度の危機を起こすことで、A2／ADを確たるものにしようとしているというのです。とても鋭い視点だと納得しました。キューバ危機のあとに米ソがホットラインを築いた歴史の再現でしょう。中国は2001年の海南島事件（海南島付近の南シナ海上空で、アメリカの電子偵察機と中国の戦闘機が空中衝突した事件）をもう少しだけ激しくした事件が起きるのを待っているのかもしれません。

長島 誠に歓迎すべからざる展開ですね。中国が正面衝突しないよう危機をコントロールできるとは思えないし、そもそも中国共産党は1979年以来戦っていませんから危機管理に慣れていません。

奥山 その通りで、キューバ危機でのケネディとフルシチョフのように裏で工作できるとは思えません。しかもアメリカはいざというときは動く国であり、中国の挑発がトリガーを引く可能性は否定できない。アメリカだって国内が分断していますから、軍事危機でそうしたムードを吹き飛ばそうと考える人物も政府の上層部にいるかもしれないでしょう。もちろん、第三次世界大戦が近しいなどと無闇(むやみ)に慌(あわ)てるべきではありませんが。

長島 一党独裁の国は修正力がない点がじつに怖いですね。民主主義国家であれば、もしも政権が判断を間違えたときにリカバーするシステムがありますが、そうした仕組みや発想がないのですから。

奥山 これからの5年間で、東アジアの秩序がどう転ぶかは不透明です。テクノロジーがより進化する前、あるいは進化と同時並行でそうした危機が訪れるシナリオも着実に検討しておくべきでしょう。

（2023年9月13日対談）

おわりに

通常の戦争や紛争と異なり、宇宙システムへの攻撃・妨害やサイバー攻撃は、時間や距離という物理的制約を超えて、我々の日常生活に深刻な影響を、前触れもなく、直接的に及ぼします。特に、情報通信、金融、空港、鉄道、電力、ガス、水道などの重要インフラに係る制御系へのサイバー攻撃は、経済活動に致命的な混乱を招くばかりか、社会インフラという生活基盤の機能を喪失させ、国民の生命や財産に直接危害を与えかねません。平穏な日常生活の中で、非日常的な惨状が突然出現するようなインパクトを与えるに違いないでしょう。

新型コロナウイルスが、世界中の人々の日常生活を大きく変えたのと同じように、仮想・現実空間の融合によって日常と非日常の境目がより曖昧になっていくことで、人間社会が抱える脆弱性や潜在的な課題が新たに浮き彫りにされるでしょう。さらに今後、第四次産業革命の核となる先進技術群は、人間の理解を超えるスピードで進化する可能性が高く、人間の許容限界を超えるような存在となった際には、社会生活が大きな混乱に直面することも懸念されます。

そのため、まず新たな人間の活動領域として重要性を増す宇宙・サイバー空間について、幅広い分野の専門的知見を集積しつつ、その概念的整理を行なうことが急がれています。そして今後、これらの領域の発展・進歩に、先進技術が如何なる変化や進歩を起こし得るのか、その方向性を総合的に検証する必要があるように考えます。

そこで鍵を握るのは、20世紀を代表する経済学者ヨーゼフ・アロイス・シュンペータが提唱するイノベーションの牽引役ですが、この新領域において、その主役は誰が担うのでしょうか。

これまで、世界中で軍事作戦のゲームチェンジャー（将来の軍事バランスを一変する可能性を秘めている）[87]とも呼ばれる最新兵器が次々と生み出されてきました。その代表格である高高度偵察機「U－2」やステルス要撃戦闘機「F－22」を生み出した米航空製造企業ロッキード・マーティンには、その設計開発を主管する革新的な研究開発チーム「スカンクワークス（Skunk Works）」が存在します。その中で、レーダーに捕捉されにくいステルス技術の開発を主導したのは、デニス・オバーホルザーという一人の数学者でありました。

彼はレーダー解析の専門家でもありましたが、革新的な技術を自ら生み出すような、いわゆる天才科学者ではありませんでした。しかし彼は、その9年前に発表されたモスクワ工科大学のピョートル・ウフィムツェフ博士の電波解析に関する論文を見つけ出し、当時は実現不能と考えられていたステルス技術の開発を提案したのです。[88] その後、ステルス戦闘機・爆撃機の機体の開発、製造において、彼は引き続き中心的役割を果たし、将来戦闘機開発に不可欠な基盤技術の一つとなるステルス技術を高めていったのです。彼は、天才肌の科学者ではなかったものの、科学者としての探究心や使命感を強く抱いており、革新的な技術を発掘し、それを実装化する努力を地道に続けたのです。

イノベーションとは、既存のもの、見逃されてきたもの、不可能と見なされてきたもの、初めて作り出さねばならないもの、それらを新たに結合すること（新結合：neuer kombinationen）です。[89] すなわち、時代が求めるイノベーションを起こし得る人材とは、卓越した知識と技術を身につけた一握りの科学者だけではなく、じつは、技術的リテラシー（知識および利用能力）の重要性を誰よりも深く理解、習得し、「新結合」への努力を続ける人たちを指すのです。

今後、宇宙・サイバー、先進技術の相互関連性を横断的に考える際、先進技術の指数関数的な進化とその社会環境への影響を先取的に捉えつつ、一つの事象を多面的に把握する視点を用いて、包括的な分析と検証を繰り返していかなければなりません。そのためには、急激な環境変化に対応し得る多様性をもった人材を揃え、成功体験に基づく「常識」を排除し、唯一無二の思考の発掘に向かうことが重要です。すなわち、我々を取り巻く課題が、より複雑化し、融合的なものになっていくのであれば、人間側も、多様性の受容、既成概念の排除、領域横断的なアプローチ、それらを統括するマネージメント能力をもって対応すべきでしょう。

急速な技術の進化や地球を取り巻く環境変化の大きさに恐れおののき、他人や社会に責任を転嫁するだけでなく、自らそれを肯定的に変化させ、適合していく一歩を踏み出すことが求められています。現在の人類が置かれている厳しい状況が続いて、ディストピアな未来が予想されようと、希望を忘れず、そのための一歩を踏み出すために、ＳＦプロトタイピングがその一助となることを願うばかりです。

注釈

1　Anusuya Datta, "Modern civilization would be lost without GPS," *SPACENEWS*, August 3, 2021, https://spacenews.com/modern-civilization-would-be-lost-without-gps/.

2　１９８４年に発効した「月その他の天体を含む宇宙空間の探査及び利用における国家活動を律する原則に関する条約」を指す。

3　United Nations, "General Assembly: Outer Space Increasingly 'Congested, Contested and Competitive,' First Committee Told, as Speakers Urge Legally Binding Document to Prevent Its Militarization," October 25, 2013, https://www.un.org/press/en/2013/gadis3487.doc.htm

4　シスルナ空間とは「地球と月の間の宇宙空間」を指す。福島康仁『宇宙と安全保障』、千倉書房、２０２０年、１９３頁。

5　NASA, "Orbital Debris Quarterly News," Volume 27, Issue 4,October 2023, https://orbitaldebris.jsc.nasa.gov/quarterly-news/pdfs/ODQNv27i4.pdf.

6　Paul Gilster, "White Paper: Why We Should Seriously Evaluate Proposed Space

Drives," Centauri Dreams, January 28, 2022, https://www.centauri-dreams.org/2022/01/28/white-paper-why-we-should-seriously-evaluate-proposed-space-drives/

7　Andrew Liptak, "Science Fiction to Shape the Future of War," *One Zero*, July 29, 2020, https://onezero.medium.com/the-u-s-military-is-turning-to-science-fiction-to-shape-the-future-of-war-1b40d11eb6b4.

8　国際連合広報センター「主な活動　紛争と暴力の新時代」２０２０年1月、https://www.unic.or.jp/activities/international_observances/un75/issue-briefs/new-era-conflict-and-violence/.

9　石津朋之・山下愛仁『エア・パワー　空と宇宙の戦略原論』日本経済新聞出版社、２０１９年、57頁。

10　ジョージア侵攻は２００８年8月8日から開始され、8月12日に停戦が成立した。また、クリミア併合では２０１４年2月27日から3月2日の軍事作戦でクリミア半島占領が達成された。John E. Herbst and Alina Polyakova, "Remembering the Day Russia Invaded Ukraine," *Atlantic Council*, February 24, 2016, https://www.atlanticcouncil.org/blogs/ukrainealert/remembering-the-day-russia-invaded-ukraine/.

11 Michael Rühle, "Deterrence: what it can (and cannot) do," *NATO Review*, April 20, 2015, https://www.nato.int/docu/review/articles/2015/04/20/deterrence-what-it-can-and-cannot-do/.

12 Steve Holland and James Pearson, "U.S., U.K. : Russia Responsible for Cyberattack Against Ukrainian Banks," *Reuters*, February 18, 2022, https://www.reuters.com/world/us-says-russia-was-responsible-cyberattack-against-ukrainian-banks-2022-02-18/.

13 Gordon Corera, "Russia hacked Ukrainian satellite communications, officials believe," *BBC News*, March 25, 2022, https://www.bbc.com/news/technology-60796079.

14 Tim Harford, "How the search for a 'death ray' led to radar," *BBC news*, October 9, 2017, https://www.bbc.com/news/business-41188464.

15 Tom Balmforth, "Inside Ukraine's tech push to counter Russian 'suicide' drone threat," *Reuters*, July 5, 2023, https://www.reuters.com/world/europe/inside-ukraines-tech-push-counter-russian-suicide-drone-threat-2023-07-05/.

16 NATO, "Emerging and disruptive technologies," December 8, 2022, https://www.nato.int/cps/en/natohq/topics_184303.htm.

17　U.S. Army TRADOC Mad Scientist Initiative, "Science Fiction: Visioning the Future of Warfare 2030-2050," July 2017, https://www.armyupress.army.mil/Portals/7/Future-Warfare-Writing-Program/Documents/Compendium.pdf.

18　JEAN FOLGER, "Metaverse Definition," *INVESTOPEDIA*, February 15, 2022, https://www.investopedia.com/metaverse-definition-5206578.

19　Nina Xiang, "A better way to regulate the metaverse," *Nikkei Asia*, February 2, 2022, https://asia.nikkei.com/Opinion/A-better-way-to-regulate-the-metaverse.

20　Florian Vidal, "Russia's Space Policy: The Path of Decline?" French Institute of International Relations, January 2021, https://www.ifri.org/en/publications/etudes-de-lifri/russias-space-policy-path-decline.

21　Corey Crowell and Sam Bresnick, "Defending the Ultimate High Ground : China's Progress Toward Space Resilience and Responsive Launch," Center for Security and Emerging Technology, July 2023, https://cset.georgetown.edu/publication/defending-the-ultimate-high-ground/.

22　Irina Liu, Evan Linck, Bhavya Lal, Keith W. Crane, Xueying Han, and Thomas J.

Colvin, “Evaluation of China’s Commercial Space Sector,” Institute for Defense Analyses, Science and Technology Policy Institute, September, 2019, https://www.ida.org/research-and-publications/publications/all/e/ev/evaluation-of-chinas-commercial-space-sector.

23 Katrina Manson and Christian Shepherd, “US military officials eye new generation of space weapons,” *Financial Times,* September 2, 2020, https://www.ft.com/content/d44aa332-f564-4b4a-89b7-1685e4579e72K.

24 The White House, “FACT SHEET: Vice President Harris Advances National Security Norms in Space,” APRIL 18, 2022, https://www.whitehouse.gov/briefing-room/statements-releases/2022/04/18/fact-sheet-vice-president-harris-advances-national-security-norms-in-space/.

25 Mike Gruss, “U.S. Official: China Turned to Debris-free ASAT Tests Following 2007 Outcry,” *SpaceNews,* January 11, 2016, https://spacenews.com/u-s-official-china-turned-to-debris-free-asat-tests-following-2007-outcry/.

26 Office of the Director of National Intelligence, “Annual Threat Assessment of the U.S. Intelligence Community,” April 9, 2021, https://www.dni.gov/files/ODNI/documents/

assessments/ATA-2021-Unclassified-Report.pdf.

27 Rajeswari Pillai Rajagopalan, "Electronic and Cyber Warfare in Outer Space", *UNIDIR*, May 2019, https://www.unidir.org/files/publications/pdfs/electronic-and-cyber-warfare-in-outer-space-en-784.pdf.

28 Viasat, Inc. "KA-SAT Network cyber attack overview," March 30, 2022, https://news.viasat.com/blog/corporate/ka-sat-network-cyber-attack-overview.

29 Carly Page, "US, UK and EU blame Russia for 'unacceptable' Viasat cyberattack," *TechCrunch*, May 10, 2022, https://techcrunch.com/2022/05/10/russia-viasat-cyberattack/.

30 CHAD DE GUZMAN, "Why China, Russia, and North Korea Joining Forces in the Indo-Pacific Isn't a Prelude to War," *TIME*, September 5, 2023, https://time.com/6310786/china-russia-north-korea-indo-pacific-alliance/.

31 「世界初の移動可能量子衛星地上ステーション、『墨子号』との連結に」国立研究開発法人科学技術振興機構『Science Portal China』２０２０年１月２日、https://spc.jst.go.jp/news/200101/topic_1_01.html.

32 Lily Chen, Stephen Jordan, Yi-Kai Liu, Dustin Moody, Rene Peralta, Ray Perlner,

Daniel Smith-Tone, *NISTIR 8105: Report on Post-Quantum Cryptography,* U.S. Department of Commerce, National Institute of Standards and Technology, April 2016, p.6, https://nvlpubs.nist.gov/nistpubs/ir/2016/NIST.IR.8105.pdf.

33　後藤仁「量子暗号通信の仕組みと開発動向」日本銀行金融研究所『金融研究』第28巻第３号、２００９年10月、１０８頁、https://www.imes.boj.or.jp/research/papers/japanese/kk28-3-5.pdf。

34　Adam Segal, "When China Rules the Web Technology in Service of the State," *Foreign Affairs,* September/October 2018, https://www.foreignaffairs.com/articles/china/2018-08-13/when-china-rules-web.

35　U.S. Department of Defense, *DEFENSE SPACE STRATEGY SUMMARY,* June 2020. p.3, https://media.defense.gov/2020/Jun/17/2002317391/-1/-1/1/2020_DEFENSE_SPACE_STRATEGY_SUMMARY.PDF.

36　United States Space Command, United States Space Command Fact Sheet, August 29, 2019, https://media.defense.gov/2019/Aug/29/2002177208/-1/-1/1/USSPACECOM%20FACT%20SHEET.PDF.

37 C. Todd Lopez, "'Warfighter Council' Guides Capability Development for Space Development Agency," *DOD News,* March 4, 2021, https://www.defense.gov/News/News-Stories/Article/Article/2525434/warfighter-council-guides-capability-development-for-space-development-agency/.

38 GAO, "Science & Tech Spotlight : Hypersonic Weapons," *GAO-19-705SP,* September 16, 2019, https://www.gao.gov/products/gao-19-705sp.

39 Colin Clark and Theresa Hitchens, "Global Strike From Space;' Did Kendall Reveal Chinese Threat?" *Breaking Defense,* September 29, 2021, https://breakingdefense.com/2021/09/global-strike-from-space-did-kendall-reveal-chinese-threat/.

40 Cameron Jenkins, "Milley: Chinese hypersonic weapons test very close to a 'Sputnik moment'," *The Hill,* October 27, 2021, https://thehill.com/policy/international/china/578647-sputnik-moment-milley-expresses-concern-over-chinese-hypersonic/.

41 Theresa Hitchens, "China's mysterious hypersonic test may take a page from DARPA's past," *Breaking Defense,* November 24, 2021, https://breakingdefense.com/2021/11/chinas-mysterious-hypersonic-test-may-take-a-page-from-darpas-past/.

42 David Martin, "Exclusive: No. 2 in U.S. military reveals new details about China's hypersonic weapons test," *CBS News,* November 16, 2021, https://www.cbsnews.com/news/china-hypersonic-weapons-test-details-united-states-military/.

43 NATO, "Emerging and disruptive technologies," June 22, 2020, https://www.nato.int/cps/en/natohq/topics_184303.htm?selectedLocale=en.

44 Daniel Fiott, "A stellar moment? Spain, strategy and European space," *elcano,* February 15, 2023, https://www.realinstitutoelcano.org/en/analyses/a-stellar-moment-spain-strategy-and-european-space/.

45 David Vergun, "Novel, Breakthrough Warfighting Capabilities Discussed by DOD Officials," *DOD News,* April 7, 2022, https://www.defense.gov/News/News-Stories/Article/Article/2992798/novel-breakthrough-warfighting-capabilities-discussed-by-dod-officials/.

46 Morgan Stanley, "Space: Investing in the Final Frontier," July 24, 2020, https://www.morganstanley.com/ideas/investing-in-space.

47 JAXA, "Contributions to Climate Change Science," Earth Graphy, https://earth.jaxa.jp/en/application/cooperation/ecv/.

48 Valerie Insinna, "SpaceX beating Russian jamming attack was 'eyewatering': DoD official," *Breaking Defense*, April 20, 2022, https://breakingdefense.com/2022/04/spacex-beating-russian-jamming-attack-was-eyewatering-dod-official/.

49 Lasse Rouhiainen, "Artificial Intelligence: 101 Things You Must Know Today About Our Future", Harper Perennial,1993, P.67.

50 内閣府地方創生推進事務局「『環境未来都市』構想における取組事例」、https://future-city.go.jp/torikumi_project/tag_%E7%94%A3%E5%AD%A6%E5%AE%98%E9%80%A3%E6%90%BA.html.

51 外務省「日米安全保障協議委員会（日米「2+2」）」平成31年4月19日、https://www.mofa.go.jp/mofaj/na/st/page4_004913.html.

52 The White House, "Interim National Security Strategic Guidance", MARCH 03 2021, PP.9-10, https://www.whitehouse.gov/wp-content/uploads/2021/03/NSC-1v2.pdf.

53 Reuters, "China unveils plan to build satellite system for space exploration," *Reuters*, April 25, 2023, https://www.reuters.com/technology/space/china-unveils-plan-build-satellite-system-space-exploration-2023-04-26/.

54 Jamie Shea, “NATO and Climate Change: Better Late Than Never,” *The German Marshal Fund,* March 11, 2022, https://www.gmfus.org/news/nato-and-climate-change-better-late-never.

55 Sandra Erwin, “DoD focus on climate could shape future investments in weather satellites,” *SPACENEWS,* February 24, 2021, https://spacenews.com/dod-focus-on-climate-could-shape-future-investments-in-weather-satellites/.

56 Nusrat GHANI, “REPORT - ENHANCING NATO S&T COOPERATION WITH ASIAN PARTNERS,” *NATO Parliamentary Assembly,* October 14, 2021, https://www.nato-pa.int/document/023-stc-21-e-rev-1-enhancing-nato-st-cooperation-asian-partners-draft-report-ghani.

57 首相官邸「岸田内閣総理大臣記者会見」２０２２年12月16日。https://www.kantei.go.jp/jp/101_kishida/statement/2022/1216kaiken.html

58 André Beaufre , *Introduction à la stratégie,* Armand Colin, 1965, P.16.

59 United Nations Climate Change, “UN Climate Change Welcomes IPCC’s Summary for Policy Makers on the Physical Science Basis of Climate Change,” August 9, 2021, https://

unfccc.int/news/un-climate-change-welcomes-ipcc-s-summary-for-policy-makers-on-the-physical-science-basis-of-climate.

60 Inger Andersen, "Speech: Time to get serious about climate change. On a warming planet, no one is safe," United Nations Environment Programme, https://www.unep.org/news-and-stories/speech/time-get-serious-about-climate-change-warming-planet-no-one-safe.

61 United Nations, "Global Issues: Climate Change," https://www.un.org/en/global-issues/climate-change.

62 IPCC, "Climate change widespread, rapid, and intensifying-IPCC," August 9,2021, https://www.ipcc.ch/2021/08/09/ar6-wg1-20210809-pr/.

63 例えば、海中の塩分濃度の変化は艦艇の内燃機関に支障を引き起こし、大気状況の変化や砂漠化は軍用機の正常な運用を阻害し、新たな装備上の対策を余儀なくさせます（Rene Heise, "NATO is responding to new challenges posed by climate change," April 1, 2021, https://www.nato.int/docu/review/articles/2021/04/01/nato-is-responding-to-new-challenges-posed-by-climate-change/.)。

64 European Environment Agency, "Climate change mitigation: reducing emissions," June

21, 2023, https://www.eea.europa.eu/en/topics/in-depth/climate-change-mitigation-reducing-emissions.

65　Marju Kõrts, "Climate change mitigation in the Armed Forces-greenhouse gas emission reduction challenges and opportunities for Green Defense," NATO Energy Security Center of Excellence, April 2023, https://www.enseccoe.org/data/public/uploads/2023/04/climate-change-mitigation-in-the-armed-forces.pdf.

66　Stuart Parkinson / Linsey Cottrell, "Under the radar: The Carbon Footprint of Europe's military sectors," Conflict and Environment Observatory, February 2021, https://ceobs.org/wp-content/uploads/2021/02/Under-the-radar_the-carbon-footprint-of-the-EUs-military-sectors.pdf.

67　全署名国の炭素排出量を制限するパリ協定（２０１５年）では、条約の運用規則の下で、軍隊の炭素排出量は除外される可能性はあるものの、決定は個々の署名国に委ねられている（Arthur Neslen, "Pentagon to lose emissions exemption under Paris climate deal," *The Guardian*, December 15, 2015, https://www.theguardian.com/environment/2015/dec/14/pentagon-to-lose-emissions-exemption-under-paris-climate-deal.）。

68 Anna Mulrine Grobe, "Why the Pentagon is serious about reducing its carbon footprint," *The Christian Science Monitor*, March 16, 2021,https://www.csmonitor.com/Environment/2021/0316/Why-the-Pentagon-is-serious-about-reducing-its-carbon-footprint; Ryan Pickrell, "The US Navy's new pilotless tanker plane just refueled an aircraft carrier fighter jet for the first time, and this is what it looked like," *Insider*, June 7, 2021,https://www.businessinsider.com/stingray-drone-refuels-aircraft-carrier-fighter-jet-for-first-time-2021-6.

69 Bill Lynn, "Energy for the War Fighter: The Department of Defense Operational Energy Strategy," *Department of Energy*, June 14, 2011, https://www.energy.gov/articles/energy-war-fighter-department-defense-operational-energy-strategy.

70 Jon Powers and Michael Wu, "A clean energy agenda for the US Department of Defense," *Atlantic Council*, January 14, 2021, https://www.atlanticcouncil.org/blogs/energysource/a-clean-energy-agenda-for-the-us-department-of-defense/.

71 Greg Douquet, "Unleash us from the tether of fuel," *Atlantic Council*, January 11, 2017, https://www.atlanticcouncil.org/content-series/defense-industrialist/unleash-us-from-the-

tether-of-fuel/.
72 Ministére des Armmés, "Discours de Florence Parly, ministre des Armées, introduisant la table-ronde "Ethique et soldat augmenté" au Digital Forum innovation défense," Decembre 4, 2020, https://www.archives.defense.gouv.fr/salle-de-presse/discours/discours-de-florence-parly-ministre-des-armees-introduisant-la-table-ronde-ethique-et-soldat-augmente-au-digital-forum-innovation-defense.html.
73 Laurent Lagneau, "Le Service de santé des Armées cherche à améliorer l'acclimatation des soldats à la chaleur," *Zone militaire opex360.com,* May 24, 2021, http://www.opex360.com/2021/05/24/le-service-de-sante-des-armees-cherche-a-ameliorer-lacclimatation-des-soldats-a-la-chaleur/.
74 橳島次郎『科学技術の軍事利用』平凡社新書、２０２３年７月、１１６頁。
75 Morgan R. Edwards et al. "Satellite Data Applications for Sustainable Energy Transitions," *Frontier in Sustainability,* October 3, 2022, https://www.frontiersin.org/articles/10.3389/frsus.2022.910924/full.
76 William J. Broad, "The Secret War Over Pentagon Aid in Fighting Wildfires," *The New*

York Times, August 23, 2022, https://www.nytimes.com/2021/09/27/science/wildfires-military-satellites.html.

77　Klaus Schwab, "The Fourth Industrial Revolution What It Means and How to Respond," *Foreign Affairs,* December 12, 2015, https://www.foreignaffairs.com/articles/2015-12-12/fourth-industrial-revolution.

78　ブライアン・デイビット・ジョンソン『インテルの製品開発を支えるSFプロトタイピング』細谷功監修、島本範之訳、亜紀書房、２０１３年、43頁。

79　外務省「報道発表　自律型致死兵器システム（ＬＡＷＳ）に関する政府専門家会合に対する日本政府の作業文書の提出」平成31年3月22日、https://www.mofa.go.jp/mofaj/press/release/press4_007229.html.

80　UK Ministry of Defence's Development, Concepts and Doctrine Centre, "The Future Character of Conflict," August 2015, https://assets.publishing.service.gov.uk/government/uploads/system/uploads/attachment_data/file/486301/20151210-Archived_DCDC_FCOC.pdf.

81　Marc Prosser, "Why Companies and Armies Are Hiring Science Fiction Writers,"

Singularity Hub, Aug 06, 2019, https://singularityhub.com/2019/08/06/why-companies-and-armies-are-hiring-science-fiction-writers/.

82 Trina Marie Phillips and August Cole eds., Visions of Warfare 2036, Norfolk VA: NATO Allied Command Transformation, 2017, https://www.act.nato.int/images/stories/events/2012/fc_ipr/visions-of-warfare-2036.pdf.

83 ジュール・ヴェルヌによる１８６５年出版の De la Terre à la Lune と１８７０年出版の Autour de la lune の2編を指す。

84 Sandra Erwin, "Space Force eyes its own version of the metaverse," Space News, February 10, 2022, https://spacenews.com/space-force-eyes-its-own-version-of-the-metaverse/.

85 Arthur C. Clarke, *PROFILE OF THE FUTURE*, New York, N.Y. ; Bantam Books, 1965, p.xi.

86 Douglass Smith, Book Reviews, *Naval War College Review*, 57(2004), p.147, https://digital-commons.usnwc.edu/cgi/viewcontent.cgi?article=2091&context=nwc-review.

87 防衛省『令和元年版　防衛白書　日本の防衛』４２３頁。

88 Ben R. Rich, and Leo Janos, *"Skunk Works: A Personal Memoir of My Years at Lockheed"*, Little Brown and Company, 1994, PP.19-31.

89 シュンペータ（Schumpeter）は、イノベーションを「新結合（neuer kombination）」という言葉を用いて「経済活動の中で生産手段や資源、労働力などをそれまでとは異なる仕方で新結合すること」と定義している（J・A・シュムペーター、塩野谷祐一、東畑精一、中山伊知郎訳『経済発展の理論―企業者利潤・資本・信用・利子および景気の回転に関する一研究〈上〉』岩波文庫、1977年、182－183頁）

【第八章初出】
月刊『Voice』2023 年 12 月号

PHP新書

PHP INTERFACE
https://www.php.co.jp/

長島 純［ながしま・じゅん］

公益財団法人 中曽根康弘世界平和研究所研究顧問。1960年生まれ。防衛大学校卒。筑波大学大学院修士課程修了。ベルギー防衛駐在官、統合幕僚監部首席後方補給官、情報本部情報官、内閣官房国家安全保障局・危機管理担当審議官、航空教育集団司令部幕僚長、航空自衛隊幹部学校校長を歴任後、退官。最終階級・空将。

新・宇宙戦争
ミサイル迎撃から人工衛星攻撃まで

（PHP新書 1384）

二〇二四年一月二十九日 第一版第一刷

著者――長島 純
発行者――永田貴之
発行所――株式会社PHP研究所
東京本部――〒135-8137 江東区豊洲5-6-52
ビジネス・教養出版部 ☎03-3520-9615（編集）
普及部 ☎03-3520-9630（販売）
京都本部――〒601-8411 京都市南区西九条北ノ内町11
組版――株式会社PHPエディターズ・グループ
装幀者――芦澤泰偉＋明石すみれ
印刷所――大日本印刷株式会社
製本所――東京美術紙工協業組合

ISBN978-4-569-85641-4

ＰＨＰ新書刊行にあたって

「繁栄を通じて平和と幸福を」(PEACE and HAPPINESS through PROSPERITY)の願いのもと、ＰＨＰ研究所が創設されて今年で五十周年を迎えます。その歩みは、日本人が先の戦争を乗り越え、並々ならぬ努力を続けて、今日の繁栄を築き上げてきた軌跡に重なります。

しかし、平和で豊かな生活を手にした現在、多くの日本人は、自分が何のために生きているのか、どのように生きていきたいのかを、見失いつつあるように思われます。そして、その間にも、日本国内や世界のみならず地球規模での大きな変化が日々生起し、解決すべき問題となって私たちのもとに押し寄せてきます。

このような時代に人生の確かな価値を見出し、生きる喜びに満ちあふれた社会を実現するために、いま何が求められているのでしょうか。それは、先達が培ってきた知恵を紡ぎ直すこと、その上で自分たち一人一人がおかれた現実と進むべき未来について丹念に考えていくこと以外にはありません。

その営みは、単なる知識に終わらない深い思索へ、そしてよく生きるための哲学への旅でもあります。弊所が創設五十周年を迎えましたのを機に、ＰＨＰ新書を創刊し、この新たな旅を読者と共に歩んでいきたいと思っています。多くの読者の共感と支援を心よりお願いいたします。

一九九六年十月

ＰＨＰ研究所